C.H.BECK  WISSEN

in der Beck'schen Reihe
2034

Dieses Buch informiert historisch und systematisch über den Begriff Materie. Sein besonderes Profil gewinnt es durch seine fachübergreifende Information. Es zeigt eine komplexe Hierarchie von Materieformen auf, in der sich physikalische, chemische, biologische, ökologische und technische Prozesse überlagern. Die Spannbreite des Buches reicht vom Begriff der Materie im antiken und mittelalterlichen Weltbild, im Weltbild der klassischen Physik, der Relativitäts- und Quantentheorie, Hochenergiephysik und Materialforschung bis zur Selbstorganisation komplexer materieller Systeme nahe und fern des thermischen Gleichgewichts, von der Molekular- und Biochemie zur Evolution des Lebens, der Entwicklung von Bewußtsein und der technischen Nutzung der Materie in Industrie und Gesellschaft.

Klaus Mainzer hat Mathematik, Physik und Philosophie studiert und ist Ordinarius für Philosophie und Wissenschaftstheorie an der Universität Augsburg. Seine Arbeitsschwerpunkte sind: Logik, Erkenntnis- und Wissenschaftstheorie, Philosophie der Natur-, Technik- und Kulturwissenschaften.
Bei C. H. Beck hat er zusammen mit Jürgen Audretsch herausgegeben: *Vom Anfang der Welt* (²1990). In der Reihe C. H. Beck Wissen liegt von ihm vor: *Zeit. Von der Urzeit zur Computerzeit* (1995).

Klaus Mainzer

MATERIE

Von der Urmaterie zum Leben

Verlag C.H. Beck

Mit 4 Abbildungen

Die Deutsche Bibliothek – CIP-Einheitsaufnahme

Mainzer, Klaus:
Materie : von der Urmaterie zum Leben / Klaus Mainzer. –
Orig.-Ausg. – München : Beck, 1996
  (Beck'sche Reihe ; 2034: C. H. Beck Wissen)
  ISBN 3 406 40334 4
NE: GT

Originalausgabe
ISBN 3 406 40334 4

Umschlagentwurf von Uwe Göbel, München
© C. H. Beck'sche Verlagsbuchhandlung (Oscar Beck), München 1996
Gesamtherstellung: C. H. Beck'sche Buchdruckerei, Nördlingen
Gedruckt auf säurefreiem, alterungsbeständigem Papier
(hergestellt aus chlorfrei gebleichtem Zellstoff)
Printed in Germany

Inhalt

Einleitung

Das Buch informiert fachübergreifend über den Begriff der Materie. Die Darstellungsweise ist historisch und systematisch. Es geht aber nicht nur um eine enzyklopädische Zusammenstellung von Ergebnissen, wie der Materiebegriff in einzelnen naturwissenschaftlichen Disziplinen verwendet wurde und wird. Die moderne Grundlagendiskussion hat vielmehr gezeigt, daß die traditionelle Unterscheidung von ‚toter‘ Materie und Leben unangemessen ist. In der Evolution treten vielmehr komplexe Systeme von Materieformen auf, in denen sich physikalische, chemische, biologische, physiologische, psychologische Prozesse und Zustände überlagern und beeinflussen. Daher werden in diesem Buch materielle Systeme z.B. der Mechanik, Hochenergie- und Festkörperphysik ebenso angesprochen wie z.B. Stoffe der Chemie, Lebensformen der Biologie, physiologische Abläufe des Gehirns oder Materialflüsse in ökologischen Systemen und technisch-industriellen Gesellschaften. Damit gewinnt der Materiebegriff fachübergreifende Bedeutung in Natur-, Technik-, Sozial- und Geisteswissenschaften. Für weitere Vertiefungen sei auf mein Buch ‚Symmetrien der Natur‘ (1988, engl. 1996) und das Literaturverzeichnis verwiesen.

Im 1. Kapitel wird die *Materie im antiken und mittelalterlichen Weltbild* behandelt. In der vorsokratischen Naturphilosophie wird Materie als der Urstoff aufgefaßt, aus dem alles entstanden ist. Für die neuzeitliche Physik wird Demokrits Atomismus bedeutsam. Platon führt Materie auf geometrische Bausteine (‚Platonische Körper‘) zurück, die sich durch hohe mathematische Symmetrie auszeichnen. Allerdings dominiert im antiken und mittelalterlichen Denken die aristotelische Unterscheidung von Form und Materie. Die scholastische Naturphilosophie verbindet den aus arabisch-aristotelischen Quellen vermittelten Materiebegriff mit der christlichen Schöpfungslehre.

Das 2. Kapitel behandelt *Materie im Weltbild der klassi-*

schen Physik. Mit der Neubelebung der Atomistik wird der Materiebegriff der neuzeitlichen Mechanik vorbereitet. In Newtons Mechanik werden Trägheit als Beschleunigungswirkung und Schwere als Gravitationswirkung von Massen unterschieden. An die Stelle von Fernkräften treten im 19. Jahrhundert Gravitationsfelder, mit denen die Übertragung von Anziehungskräften im leeren Raum erklärt wird. Auch magnetische und elektrische Eigenschaften der Materie werden zum elektromagnetischen Feld verbunden und zur Erklärung von Lichtwellen herangezogen. Zentral für die klassische Physik ist ferner die Abgrenzung der Materie als Masse von der Energie, für die Gesetze der Erhaltung und Umwandlung formuliert werden. Auf diesem wissenschaftshistorischen Hintergrund diskutiert die neuzeitliche Erkenntnistheorie (z.B. Kant) Materie als Gegenstand der Erfahrung. In der Naturphilosophie des 19. Jahrhunderts werden sowohl idealistische Überhöhungen des Materiebegriffs (z.B. romantische Naturphilosophie) als auch materialistische Absolutheitsansprüche (z.B. dialektischer Materialismus) vertreten.

In der modernen Physik erweisen sich klassische Abgrenzungen des Materiebegriffs als fraglich. Im 3. Kapitel wird zunächst der *Materiebegriff in der Relativitätstheorie* behandelt. Masse wird geschwindigkeitsabhängig. Die klassische Unterscheidung von Masse und Energie wird insofern aufgehoben, als nach Einsteins Masse-Energie-Formel Masse in Energie zerstrahlen kann. In der Allgemeinen Relativitätstheorie wird die klassische Unterscheidung von träger und schwerer Masse relativiert. Aus Einsteins Gravitationsgleichung können die kosmologischen Standardmodelle abgeleitet werden, die endliche und unendliche Entwicklungen der Materie mit Anfangssingularität (‚Big Bang') zulassen. Für eine Entscheidung über diese Modelle muß jedoch die Quantenmechanik als moderne (nicht-klassische) Materietheorie berücksichtigt werden. *Materie in der Quantenphysik* lautet die Überschrift des 4. Kapitels. Die Quantenmechanik lehrt, daß in der Quantenwelt die anschaulichen Teilchen- und Welleneigenschaften keine prinzipiellen Unterscheidungsformen der Materie sind. In den Quantenfeldtheorien wird der Begriff des Materiefeldes eingeführt, mit dem das dynamische Verhalten von sehr vielen gleichartigen, untereinander in Wechselwirkung stehenden Elementarteilchen beschrieben wird. Daran schließen die modernen Entwicklungstheorien des Universums an, in denen Strahlung als ein sehr früher Zustand des Universums von der späteren Materialisation zu Atomkernen, Atomen und Molekülen aufgrund von Abkühlungsprozessen unterschieden wird.

Wie formiert sich Materie zu Ordnungszuständen? Darum geht es im 5. Kapitel *Materie in der Thermodynamik*. Mit der Äquivalenz von Wärme und Arbeit und dem 1. Hauptsatz von der Erhaltung der Energie wurden die Grundlagen der Thermodynamik bereits im 19. Jahrhundert gelegt. Nach dem 2. Hauptsatz der Thermodynamik verteilt sich Wärme in einem isolierten System immer so, daß eine bestimmte Zustandsgröße (,Entropie') niemals abnimmt, sondern zunimmt oder konstant bleibt. Die Entropie wird als Maß der Unordnung im System interpretiert. Die Entstehung von Ordnung in der Materie ist keineswegs unwahrscheinlich und zufällig, sondern findet unter bestimmten Bedingungen gesetzmäßig statt. Man spricht von konservativer Selbstorganisation der Materie bei abgeschlossenen Systemen im thermischen Gleichgewicht, während bei offenen Systemen, die in Stoff-, Energie- und Informationsaustausch mit ihrer Umgebung stehen, Ordnung fern des thermischen Gleichgewichts durch dissipative Selbstorganisation entsteht.

Im 6. Kapitel *Materie in der Chemie* wird zunächst historisch gezeigt, wie aus frühen technischen Verfahren, Erfahrungsregeln und alchimistischen Vorstellungen im Umgang mit Stoffen die Chemie als neuzeitliche Naturwissenschaft entsteht. Atomismus und molekulare Modelle der Materie führen im 19. Jahrhundert zum Periodensystem der Elemente. In der Quantenchemie stellt sich die Frage, ob und unter welchen Bedingungen der molekulare Aufbau der Materie auf Prinzipien der Quantenmechanik und damit der Physik zurückgeführt werden kann. Mit zunehmender molekularer

Komplexität werden auch in der Chemie konservative und dissipative Selbstorganisationsprozesse nachgewiesen, durch die Ordnungsstrukturen z.B. in Kristallen, Gemischen oder Stoffen entstehen.

Im 7. Kapitel *Materie und Leben* geht es um die Frage, wie die Entstehung von Lebensformen nach konservativer und dissipativer Selbstorganisation der Materie durch gen-gesteuerte Selbstreplikation und Zelldifferenzierung erklärt werden kann. Damit werden zwar die Grenzen zwischen belebter und unbelebter Materie relativiert. Allerdings sind bisher nur einige notwendige Kriterien für Leben wie z.B. Metabolismus, Selbstreproduktion und Mutation erfaßt, so daß von einer vollständigen Reduktion der Lebensvorgänge auf physikalische und chemische Prinzipien nicht die Rede sein kann. Abschließend wird auf die Emergenz von Bewußtsein in materiellen Systemen wie z.B. das menschliche Gehirn eingegangen.

Von unserem jeweiligen Wissen über die Materie hängen unsere technischen, ökonomischen und ökologischen Lebensbedingungen entscheidend ab. Davon soll im letzten Kapitel *Materie in Technik, Umwelt und Gesellschaft* die Rede sein. In dem Zusammenhang wurde Materie traditionell nur als Rohstoff verstanden, der für die technisch-industrielle Nutzung abzubauen sei. Im Zeitalter zunehmender Rohstoffverknappung, des Bevölkerungswachstums und der Umweltschäden durch die Industriegesellschaft erweist sich dieser einseitige Umgang mit Materie am Ende des 20. Jahrhunderts als Sackgasse. Zielvorstellung ist vielmehr eine Gesellschaft, die ihre Materialflüsse mit der Umwelt so regulieren kann, daß sie ihren empfindlichen Gleichgewichten Rechnung trägt, um nicht ins Chaos abzustürzen.

I. Materie im antiken und mittelalterlichen Weltbild

In der frühen Kultur-, Wissenschafts- und Technikgeschichte wurden unterschiedliche Kriterien und Meßverfahren für z.B. Größe, Gestalt, Widerstand und Schwere von Stoffen benutzt. Die Materiebegriffe unserer technisch-wissenschaftlichen Lebenswelt sind selbst Konstrukte und Resultate dieser Entwicklung.

1. Von der Urmaterie zu den Vorsokratikern

Die Anfänge menschlicher Erfahrung mit Stoffen verlieren sich in der Evolutionsgeschichte der Menschheit. Seit ca. 3000 Jahren v. Chr. verwandeln sich einige Bauernkulturen des Nahen Orients in Stadtkulturen, also Hochkulturen mit ältesten schriftlichen Urkunden über die Beschreibung und Nutzung von Stoffen. Das Anwachsen des Handels und der steigende Güteraustausch erfordern verläßliche Verfahren, um auch größere Mengen von Gütern wie Getreide und Metalle bestimmen und vergleichen zu können. In ägyptischer Tradition erhält die Waage sogar religiöse Bedeutung und wird als Symbol der Gerechtigkeit herausgestellt. Volumen und Gewicht gelten also bereits sehr früh als meßbare Eigenschaften, mit denen verschiedene Stoffe verglichen werden können.

Ob es einen Urstoff oder ein Urprinzip für alle stofflichen Erscheinungen gibt, diese Grundfrage stellten sich erstmals die vorsokratischen Naturphilosophen. Jedenfalls erklärte Thales von Milet (625–545 v. Chr.) den Ursprung des Lebens aus dem Wasser bzw. Feuchten. Verwiesen wird dazu auf die Beobachtung, daß die Nahrung und die Samen aller Lebewesen feucht und der natürliche Untergrund für die feuchten Dinge das Wasser sei. Gegensatzpaare von Stoffeigenschaften wie etwa Trockenes und Feuchtes, Warmes und Kaltes sind zentral für die vorsokratische Naturphilosophie. Von diesen bestimmbaren Stoffeigenschaften unterscheidet Anaximander (610–545 v. Chr.) den Bereich des Unbestimmten und Markierungslosen (ápeiron). In aristotelischer Tradition wird daraus ein unbestimmter Urstoff, aus dem alle Stoffeigenschaften entstanden sind. Anaximenes (gest. 525 v. Chr.), der dritte miletische Naturphilosoph, erklärt die Vielfalt der Stoffe durch Verdichtung und Verdünnung der Luft (aêr) als gemeinsamen Urstoff.[1]

Heraklit von Ephesus (ca. 500 v. Chr.) führt aus, wie sich alle Zustände der Materie als unterschiedliche Formen des Urstoffes ‚Feuer' verstehen lassen.[2] Heraklits Ausführungen über den Urzustand des Feuers erinnern den modernen Leser an das, was wir heute Energie nennen. Die Energie ist tatsächlich der Stoff, aus dem alle Elementarteilchen, alle Atome und daher überhaupt alle Dinge gemacht sind, und gleichzeitig ist die Energie auch das Bewegte. Bemerkenswert ist die Heraklitsche Annahme, daß gegensätzliche Zustände und Veränderungen der Stoffe durch ein verborgenes Weltgesetz (logos) der Harmonie in Einheit gehalten werden. Die Harmonie der Natur drückt sich nach Pythagoras in der Einheit von arithmetischen, geometrischen, astronomischen und musikalischen Proportionen aus. Die Pythagoreer formulieren die für die neuzeitliche Naturwissenschaft folgenschwere Auffassung, daß alle Veränderungen der materiellen Welt auf unveränderlichen Zahlengesetzen beruhen.

Parmenides von Elea (ca. 500 v. Chr.) kritisiert die Vorstellung ständiger Veränderung als bloße Sinnestäuschung. Tatsächlich gibt es nur Seiendes, das von Nicht-Seiendem streng zu unterscheiden sei. Ohne Veränderung und Bewegung ist das Seiende überall gleich beschaffen. Parmenides gelangt so zum Bild einer Welt, die wie eine feste, endliche, einheitliche Kugel ohne Zeit, ohne Bewegung und Wechsel ist. Die vorsokratische Naturphilosophie scheint alle denkmöglichen Modelle der Materie ausloten zu wollen. Nachdem Wasser, Luft und Feuer als Urelemente benannt worden waren, lag es nahe, sie insgesamt als Rohmaterialien der Welt aufzufassen. Das war der Ansatz des Empedokles (492–430 v. Chr.), der den Elementen Feuer, Wasser, Luft noch die Erde als viertes Element hinzufügte.

Wie Empedokles entwickelt Anaxagoras (499–428 v. Chr.) eine Mischungstheorie der Materie. Jedoch werden die vier Elemente des Empedokles durch eine unbegrenzte Zahl von Stoffen ersetzt, die sich aus Keimteilchen bzw. gleichteiligen Stoffteilchen zusammensetzen. Sie sind ihrer Anzahl und Kleinheit nach unbegrenzt, d.h. Materie wird als unbegrenzt teilbar angenommen. Von großer Folgewirkung bis zur Neuzeit wird die physikalische Erklärung des Anaxagoras für die Himmelserscheinungen sein. So geht er in seiner Kosmogonie vom singulären Anfangszustand einer homogenen Materiemischung aus. Durch eine immaterielle Urkraft, die er ‚Geist' (noûs) nennt, wird diese Mischung in eine Wirbelbewegung gesetzt, die eine Trennung der verschiedenen Dinge je nach ihrer Geschwindigkeit verursacht. Die Erde klumpt in der Mitte des Wirbels zusammen, während schwerere Steinstücke nach außen geschleudert werden und die Sterne bilden. Ihr Licht wird durch das Glühen ihrer Massen erklärt, das auf die schnelle Geschwindigkeit zurückgeführt wird. Die kosmische Wirbeltheorie des Anaxagoras, seine Erklärung himmlischer Erscheinungen durch materielle Prozesse, so modern dieser Ansatz uns heute vorkommt, war damals eine ungeheure Provokation, da doch der Himmel als Sitz der Götter und ewigen Mächte galt.

2. Demokrits Atome und die aristotelische Naturphilosophie

Demokrits Atomtheorie hat die Materievorstellungen der neuzeitlichen Physik und Chemie grundlegend beeinflußt.[3] Seine Atome unterscheiden sich durch ihre Form, Lage und durch die verschiedenartige Anordnung in Stoffverbindungen. Sie bewegen sich notwendig in einem ständigen Wirbel. Bewegung bedeutet dabei nur Ortsveränderung im leeren Raum. Alle Erscheinungen, alles Werden und Vergehen wird auf Verbindung und Trennung zurückgeführt. Um die Kohäsionen der Stoffe begründen zu können, werden merkwürdig anmutende Haken, Höcker, Buchtungen und Verzahnungen der Atome angenommen. Demokrit war aber nicht nur Theoretiker vom Schlage Heraklits, sondern (nach Aristoteles) auch experimentell interessiert. So wird von einem atomistischen Erklärungsversuch berichtet, warum feine Metallplättchen auf dem Wasser schwimmen, während leichtere und runde Plättchen absinken. Bei dem späteren Atomisten Lukrez findet sich ein Versuch zur Herstellung von Süßwasser. Filtert man nämlich Salzwasser durch Erde, so erhält man nach atomistischer Erklärung Süßwasser, da die „rauheren" Atome stecken bleiben.

Eine erste Verbindung von Atomismus und mathematischer Naturbeschreibung in pythagoreischer Tradition kündigt sich in Platons Dialog *Timaios* an. Die Veränderungen, Mischungen und Entmischungen der Materie, von denen die Vorsokratiker gesprochen hatten, sollten systematisch auf unveränderliche mathematische Regularitäten und Symmetrien zurückgeführt werden. Die Zuordnungen von regulären Körpern zu den Naturelementen geschieht bei Platon aufgrund äußerlicher und uns heute willkürlich erscheinender Kennzeichen (Abb. 1):[4] Das Feuer ist aus den kleinsten und spitzesten Körpern, den Tetraedern, gemacht, Erde aus den standfestesten, den Würfeln. Luft aus Oktaedern und Wasser aus Ikosaedern werden dazwischen angenommen. Das Dodekaeder wird wegen seiner Kugelähnlichkeit für die Himmelssphäre verwendet. Wegen der Flächen-, Kanten- und Winkeleigenschaften dieser Polyeder können nur mit den Würfeln (Erdbausteine) zusammenhängende Körper ohne Zwischenräume aufgebaut werden.

Geometrisch lassen sich die regulären Körper an passenden Kanten aufschneiden und ihre Teilflächen als Netze ausfalten.

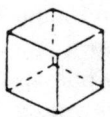 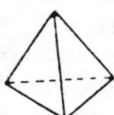  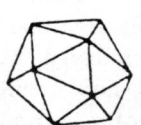 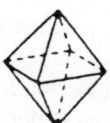

Abb. 1: Elemente als reguläre Körper

Aus dem Netz des Oktaeders können zwei Tetraeder mit einer gemeinsamen Kante gebildet werden, aus dem Netz des Ikosaeders zwei Oktaeder und ein Tetraeder oder fünf Tetraeder. Naturphilosophisch liegt hier eine Art chemischer Analyse und Synthese vor. Bezeichnet man die platonischen Elemente mit F (Feuer), L (Luft), W (Wasser), E (Erde), so gelten offenbar die „chemischen Formeln" $1L = 2F$ und $1W = 2L + 1F = 5F$. Die Bedeutung dieses Ansatzes ist jedoch im Grunde erst in der Moderne gewürdigt worden, wenn man von sporadischen Erwähnungen einiger Neuplatoniker absieht. Mit Aufkommen der Kristallographie, Stereochemie und Elementarteilchenphysik wurde aus der platonischen Kernidee der mathematischen Symmetrie ein erfolgreiches mathematisches Forschungsprogramm, um Kristalle, Atom- und Molekülverbindungen durch einen (allerdings erweiterten) Symmetriebegriff zu erklären, neue Phänomene voraussagbar und empirisch überprüfbar zu machen.

Nach Aristoteles ist es Aufgabe der Physik, die Prinzipien und Funktionen der Vielfalt und Veränderungen in der Natur zu erklären. Dabei kritisiert er diejenigen Naturphilosophen, die ihre Prinzipien mit einzelnen Stoffen identifizieren. Die einzelne Pflanze oder das einzelne Tier ist nicht einfach die Summe der materiellen Bausteine. Das Allgemeine, was das Einzelwesen zu dem macht, was es ist, nennt Aristoteles die Form (eîdos). Dasjenige, was durch die Form bestimmt wird, heißt Materie (hýlē). Form und Materie existieren jedoch nicht für sich, sondern sind durch Abstraktion gewonnene Prinzipien der Natur. Materie wird daher auch als die Möglichkeit (dýnamis) des Geformtwerdens bezeichnet. Erst dadurch, daß Materie geformt wird, entsteht Wirklichkeit (entelécheia).[5]

Veränderungen erklärt Aristoteles durch ein drittes Prinzip neben Materie und Form, nämlich den Mangel an Form (stérēsis), der durch eine entsprechende Veränderung aufgehoben werden soll. Bewegung (kínēsis) wird allgemein als Veränderung (metabolé), als Übergang von der Möglichkeit zur Wirklichkeit, als „Aktualisierung der Potenz" (wie das

Mittelalter sagen wird) bestimmt.[6] Natur wird im Gegensatz zu einem vom Menschen hergestellten Kunstwerk oder technischen Gerät als alles das verstanden, was das Prinzip der Bewegung selbst in sich trägt. Aristoteles unterscheidet drei Arten der Bewegung, nämlich quantitative Veränderung durch Zu- oder Abnahme der Größe, qualitative Veränderung durch Wechsel der Eigenschaften und räumliche Veränderung durch Wechsel des Ortes.

Als Logiker schlägt Aristoteles eine systematische Ableitung des Materiebegriffs für die ganze Natur vor. So postuliert er einen form- und eigenschaftslosen Urstoff (materia prima) als reine Potenz, der von den aktuell existierenden Formen der Materie (materia secunda) unterschieden wird. Die Materie der Natur ergibt sich in gestuften Gegenstandsbereichen aus dem Urstoff durch immer komplexer werdende Struktur- und Formmerkmale. Dabei wird die jeweils vorausgehende Stufe als Materie für das komplexere Formmerkmal der folgenden Stufe bezeichnet, so daß Materie als Prädikator nach Aristoteles zweistellig ist: x ist Materie für y.

So ist der formlose Urstoff Materie für die vier Qualitäten ‚warm‘, ‚kalt‘, ‚feucht‘, ‚trocken‘, aus deren Verbindung sich die vier Elemente Erde (kalt und trocken), Wasser (kalt und feucht), Luft (warm und feucht), Feuer (warm und trocken) ergeben. Die Elemente sind Materie für die gleichteiligen Stoffe, die wiederum Materie für die ungleichteiligen Stoffe, z.B. einzelne Körperteile von Lebewesen sind, die unterschiedliche Funktionen erfüllen. Die gleichteiligen und ungleichteiligen Stoffe sind Materie für beseelte Lebewesen, wobei die Seele als neues Formmerkmal hinzutritt. Die Wirkungsweise der Materie ist daher nach Aristoteles durch Stukturmerkmale notwendig bestimmt und im Sinne einer zunehmenden Realisierung von Form zweckgerichtet.

In aristotelischer Tradition sind also Form und Materie Prinzipien, die wir durch Abstraktion an den wirklichen Dingen unterscheiden und logisch klassifizieren können. Demgegenüber nimmt die Naturphilosophie der Stoa (seit ca. 300 v. Chr.) einen universellen Wirkungsstoff (pneuma) an, der die Natur als kontinuierliches Medium durchdringt. Modern drängt sich die Vorstellung von Wirkungsfeldern auf. Materiemodelle mit rhythmischen Wellen und Feldern finden sich auch in der taoistischen Naturphilosophie. Eine Vorliebe für akustische Fragen und erste Beschäftigungen mit magnetischen und elektrostatischen Wirkungen sind auf diesem Hintergrund verständlich.

3. Materie und Schöpfung im Mittelalter

Die Materiemodelle der Antike und des Mittelalters hängen nicht nur von philosophischen Positionen ab, sondern werden teilweise bereits aufgrund von Beobachtungen, Experimenten und Meßverfahren gewonnen. In hellenistischer und später islamischer Tradition wird das chemische, biologische und medizinische Wissen mit deutlicher Hinwendung zum Experiment und Laboratorium weitergebildet. So modifizierten die alexandrinischen Alchimisten die aristotelische Lehre dahingehend, daß die Urmaterie als Stoff isoliert werden könne, um auf dieser Basis durch Zuführung der notwendigen Eigenschaften (Formen) Schritt für Schritt Mutationen durchzuführen, bis die Stufe des Silbers oder Goldes erreicht sei.[7]

In der scholastischen Naturphilosophie des Mittelalters wurde bereits ein chemischer Verbindungsbegriff ausgearbeitet. Die entscheidende Frage war, ob und in welcher Form die Elemente in dem daraus gebildeten Produkt erhalten bleiben. Wenn z.B. Bronze aus einem ,mixtum' von Kupfer und Zinn entsteht, dann stellt sich aristotelisch die Frage, wie das potentielle oder virtuelle Fortbestehen der Elemente Kupfer und Zinn im ,mixtum' Bronze zu verstehen sei.

In der durch den islamischen Philosophen Averroës (1126–1198) weiterentwickelten aristotelischen Theorie der Materie entstand die Annahme, jede Stoffart besitze ihre eigenen quantitativen Minima (minima naturalia), die jeweils charakteristische Eigenschaften der Stoffe verursachen und daher nicht weiter geteilt werden können, ohne daß die typischen Eigenschaften verloren gehen. Die chemischen Prozesse der

Materie werden also auf der Ebene der minima naturalia vermutet. Im Unterschied zu Demokritischen Atomen, die nur durch quantitative Kennzeichen wie geometrische Gestalt, Lage und Konfiguration bestimmt sind, besitzen die minima naturalia die qualitativen Eigenschaften, die an Makrokörpern dieser Stoffe wahrnehmbar sind. In der Schule von Padua, die den Aristotelismus des 15. und 16. Jahrhunderts prägte, wird die Materietheorie der minima naturalia als Gegenentwurf zur Demokritischen Atomistik verstanden.[8]

Die aristotelisch-averroistische Tradition kennt auch einen Erhaltungssatz der Materie, wonach „alles, was erzeugt wird, aus Materie erzeugt wird, und alles, was zugrunde geht, in irgendeiner Form von Materie zugrunde geht."[9] Für die Scholastik des christlichen Mittelalters wird der Erhaltungssatz der Materie auf die bereits durch Gott geschaffene Welt eingeschränkt. Aufgrund der Unzerstörbarkeit der Materie spekuliert man über das Dogma der Auferstehung des Fleisches am Ende aller Tage. Schließlich greift die scholastische Theologie (z.B. Thomas von Aquin) die aristotelische Materietheorie auf, um die Wandlung von Brot und Wein zu Christi Leib und Blut in der Eucharistie zu erklären. Danach bleiben zwar Eigenschaften (Akzidenzien) von Brot und Wein wie z.B. Volumen, Gewicht, Dichte, Farbe und Duft erhalten, während aber ihre Träger (Substanzen) in Christi Leib und Blut verwandelt werden (Transsubstantiation). Das Wunder besteht dann darin, daß die Accidentien, die nach aristotelischer Lehre keine Existenz unabhängig von ihrem Träger besitzen, erhalten bleiben, obwohl sich die Substanz ändert.

Aegidius Romanus verwendet um ca. 1280 die averroistischen Begriffe der bestimmten und unbestimmten Dimension der Materie, um zwischen dem Volumen der Materie als meßbarer Größe und der Menge der Materie als ihrer unveränderlichen Substanz zu unterscheiden.[10] So ändert sich bei Verdünnung und Verdichtung der Materie ihr Volumen, während ihre Menge erhalten bleibt. Die Menge der Materie (quantitas materiae) ist also der Träger (Substanz) ihrer räumlich-geometrischen Ausdehnung. Damit kündigt sich eine folgenschwere Unterscheidung des Materiebegriffs für die neuzeitliche Physik an: Die Materie eines Körpers ist nicht nur seine Ausdehnung, wie Descartes behaupten wird. Dann wäre Physik nichts anderes als Geometrie. Für Newton wird die schwere und träge Masse eines Körpers zum Träger seiner Ausdehnung. Allerdings verharrt die scholastische Materietheorie in der aristotelischen Tradition, wonach die Schwere nur als Eigenschaft (Akzidens) eines Körpers, aber nicht als eigenständige Kraft (Substanz) verstanden werden kann, die der Körpermasse proportional ist.[11]

Wie hängt die Bewegung eines Körpers mit seiner Menge der Materie zusammen? Nach aristotelischer Auffassung hat jede Bewegung einen Beweger und hält nur bei Fortdauer einer Krafteinwirkung an. Daher wurde z.B. beim Wurf vermutet, daß das umgebende Medium des geworfenen Körpers (z.B. Luft) bei der Bewegung mitwirkt. Demgegenüber erklärte im 6. Jahrhundert der Aristoteles-Kommentator Philoponos die Wurfbewegung alleine dadurch, daß dem geworfenen Gegenstand eine allmählich abklingende Bewegungskraft (Impetus) übertragen wird.[12] Im 14. Jahrhundert verwendete John Buridan den Begriff der Menge der Materie, um Beobachtungen und Experimente zu erklären, wonach die Wirkung der gleichen bewegenden Kraft einen Stein zwingt, sich weiter fortzubewegen als eine Feder oder ein Stück Eisen weiter als ein Stück Holz von gleicher Größe. Die Menge der Materie bestimmt nach Buridan die Aufnahmefähigkeit für den Impetus eines Körpers. Allerdings wird Widerstand von Buridan noch in aristotelischer Tradition als reale Gegenkraft und nicht als Trägheit der Körpermasse verstanden. Ebenso ist der Impetus noch keine Bewegungsgröße, obwohl er als der Menge der Materie und der Geschwindigkeit eines Körpers proportional angenommen wird.

II. Materie im Weltbild der klassischen Physik

In der klassischen Physik wird Materie zu einer meß- und berechenbaren Größe. Im Zentrum steht Newtons Unterscheidung der trägen und schweren Masse materieller Körper. Charakteristisch für die klassische Physik ist ferner die Abgrenzung der Materie als Masse von der Energie, für die Gesetze der Erhaltung und Umwandlung formuliert werden. Auf diesem wissenschaftshistorischen Hintergrund beginnen im 18. und 19. Jahrhundert die technisch-industriellen Nutzungen der Materie ebenso wie die philosophischen Diskussionen des Materiebegriffs.

1. Materie in der frühneuzeitlichen Physik

Am Beispiel des freien Falls und der schiefen Ebene weist Galilei (1564–1642) auf die Trägheit als „reale Qualität" eines Körpers hin, die Widerstand gegen eine Bewegung hervorruft.[1] Trägheit ist für Kepler (1571–1630) eine charakteristische Eigenschaft der Materie, die als der Menge der Materie (z.B. eines Planeten) in einem gegebenen Volumen (also der Dichte der Materie) proportional angenommen wird. Damit kristallisiert sich der Begriff der trägen Masse heraus, der in der Neuzeit an die Stelle des scholastischen Begriffs der ‚Materiemenge' (quantitas materiae) tritt.[2]

Demgegenüber reduziert Descartes (1596–1650) die Materie auf die geometrische Eigenschaft der Ausdehnung (res extensa), wobei Härte, Gewicht, Farbe u.ä. nur akzidentiell sind. Als Ausdehnung ist die Materie nach Descartes zwar homogen, tritt jedoch in unterschiedlichen Konzentrationen von Korpuskeln auf, deren Auseinanderstreben und Kontakt durch die Stoßgesetze reguliert wird. Stoß und Kontaktwirkungen waren das Grundschema einer mechanistischen Erklärung der Materie.

Eine Präzisierung der cartesischen Materietheorie versuchte Christiaan Huygens (1629–1695). Bereits Descartes hatte eine mechanistische Erklärung der Schwere vorgeschlagen, wonach eine zentrifugal um die Erde wirbelnde feine Materie die gröberen Materieteile nach innen treibt. Historisch erinnert dieses Modell an die Wirbeltheorie des Anaxagoras, die nun durch Stoß- und Kontaktwirkungen materieller Korpuskeln mechanistisch begründet wurde. Huygens nahm dazu einen kugelförmigen Wirbel an, wonach sich die Teilchen einer subtilen oder fluiden Materie in allen möglichen Richtungen um die Erde drehen. Wenn sich nun zwischen diesen schnell bewegten fluiden Materieteilchen gröbere Teile befinden, die deren Bewegung nicht folgen können, so wird die stärkere zentrifugale Tendenz der ersteren sie in die Richtung zum Erdmittelpunkt treiben.

Huygens nahm also zur Erklärung der Schwere eine besondere Materiesorte von bestimmtem Feinheitsgrad an. Ebenso wurde von ihm eine besondere Materie als Träger magnetischer und elektrischer Erscheinungen postuliert. In einem Lichtäther aus einem sehr feinen Stoff sollte sich Licht als elastische Welle ausbreiten. Zur Erklärung lichtundurchlässiger Körper wie z.B. Metalle wurden weiche Korpuskeln angenommen, die zwischen den harten Metallkorpuskeln die Ätherstöße der Lichtteilchen abfangen. Diese ad-hoc-Hypothesen zeigen die Schwierigkeiten, in die eine mechanistische Auffassung gerät, die zur Erklärung der Materie keine anderen Eigenschaften als Größe, Gestalt und Bewegung zulassen will. Newton wird daher später die Erklärung von Licht durch Schwingungen eines hypothetischen Äthers verwerfen.

Leibniz (1646–1716) suchte nach einer Verbindung des neuzeitlich-mechanistischen und aristotelisch-dynamischen Materiebegriffs. In seiner Monadentheorie werden materielle Körper als Erscheinungsformen von Aggregaten einfacher Substanzen (Monaden) gedeutet. Die Leibnizschen Monaden sind aber keine toten Atome à la Demokrit und Gassendi oder Korpuskeln à la Descartes und Huygens, sondern Kraft- und Energiezentren mit graduell unterschiedlichen Möglichkeiten. Sie spannen ein kontinuierliches Kraft- und Energiespektrum auf, in dem nach Leibniz keine Sprünge möglich sind.

2. Materie in der klassischen Mechanik

Zusammengefaßt setzt die Newtonsche Mechanik (1687) drei Axiome für die Grundbegriffe Raum, Zeit, (beschleunigende) Kraft und Masse voraus: 1. das Trägheitsgesetz, 2. das Axiom der Kräfte, wonach die Änderung der Bewegung einer Masse nach Größe und Richtung der beschleunigenden Kraft entspricht und 3. das Gesetz über die gegenseitige Einwirkung zweier Körper. Die Aufgabe der Physik besteht dann nach Newton darin, die Ursachen von beobachtbaren Bewegungen von Massen durch konkrete Kräfte zu erklären. Berühmtes Beispiel Newtons ist das Gravitationsgesetz, aus dem sich unter Voraussetzung der Mechanikaxiome die Keplerschen Planetengesetze ableiten lassen.[3]

Da (träge) Masse als Maß für die Trägheit eines Körpers gegenüber Bewegungsänderungen aufgefaßt wird, muß dafür ein entsprechendes Bezugssystem vorausgesetzt werden. Newtons metaphysische Annahme eines letztlich nicht beobachtbaren ‚immateriellen‘ absoluten Raumes erweist sich aber als überflüssig. Es genügt, ein konkretes Bezugssystem (z.B. Erde) zu wählen, in dem das Trägheitsgesetz approximativ realisiert ist, also freie und ungestörte Körper sich gleichförmig und geradlinig bewegen (Trägheits- bzw. Inertialsystem). Allgemein gelten dann die auf ein konkretes Inertialsystem I bezogenen Bewegungsgesetze auch für jedes sich zu I in gleichförmiger Bewegung befindende Inertialsystem I'. An die Stelle von Newtons absolutem Raum als Bezugssystem für träge Massen tritt also das (nach Galilei benannte) Relativitätsprinzip der klassischen Mechanik, wonach alle gleichförmig geradlinig zueinander bewegten Inertialsysteme gleichwertig sind, d.h. die Bewegungsgesetze der klassischen Mechanik gelten unveränderlich (‚invariant‘) gegenüber der Klasse aller Inertialsysteme (‚Galilei-Invarianz‘).[4]

Gegenüber der trägen Masse ist die schwere Masse ein Maß für die Eigenschaft eines Körpers, durch Gravitationswirkung einen anderen Körper anzuziehen oder von ihm angezogen zu werden. Das Gewicht eines Körpers ist dann die durch das

Newtonsche Gravitationsgesetz gegebene Stärke der Anziehung, die der Fallbeschleunigung z.B. auf der Erde entspricht. Kurz: Das Gewicht eines Körpers ist, wie Johann Bernoulli 1742 bemerkt, Masse mal Beschleunigung des freien Falls. Bereits 1671 wurde der Unterschied von Masse und Gewicht experimentell gezeigt, als auf einer Expedition der französischen Akademie die Gewichte von Körpern in verschiedenen Regionen der Erde gemessen und verglichen wurden. Nach Pendelversuchen von Newton und Friedrich Wilhelm Bessel (1832) prüften Eötvös u.a., ob ein Unterschied zwischen träger und schwerer Masse z.B. mit einer Drehwaage festgestellt werden kann.[5]

Im nicht-inertialen, gegenüber einem Inertialsystem beschleunigten Bezugssystem treten zusätzliche Kräfte auf (z.B. Zentrifugalkräfte), die in einem Bewegungsgesetz berücksichtigt werden müssen. Formal werden Bewegungsgesetze als Gleichungen für Orts- und Zeitkoordinaten über Bezugssysteme formuliert. Bewegungen und Beschleunigungen von Massen treten darin als (erste und zweite) Ableitungen der Ortskoordinaten nach der Zeit auf. Newtons Suche nach Kräften als Ursachen der Bewegungsänderungen von Massen entspricht dann formal dem Lösen von Differential- und Integralgleichungen. Seit dem 18. Jahrhundert spielen Erhaltungssätze physikalischer Größen bei der Lösung mechanischer Bewegungsgleichungen eine zentrale Rolle.

Ein Beispiel ist der Erhaltungssatz der Energie als Erscheinungsform der Materie. Wenn z.B. eine Kugel sich in einer bestimmten Höhe in Ruhe befindet, so besitzt sie (im Anschluß an Leibniz) potentielle (‚mögliche') Energie. Beim Fallen wird die potentielle Energie immer kleiner und wegen der zunehmenden Geschwindigkeit der Kugel in kinetische (‚Bewegungs'-) Energie umgewandelt. In einem konservativen mechanischen System, in dem z.B. keine Reibungskräfte auftreten, bleibt die Summe aus kinetischer und potentieller Energie unverändert.

Mechanisch besteht also Materie aus trägen und schweren Massen, zwischen denen Kräfte (z.B. Gravitation) und Energien im leeren Raum ausgetauscht werden. Dieses mechanische

Materiemodell wird bereits im 18. Jahrhundert zur Erklärung des Mikrokosmos herangezogen. So besteht Materie nach dem kroatischen Physiker Bošković (1711–1787) aus identischen Punkten ohne Ausdehnung („Atomen' bzw. „Monaden'), die keine weiteren Eigenschaften besitzen außer Trägheit und der Fähigkeit gegenseitiger Wechselwirkung durch Kräfte, deren Qualität vom Abstand abhängt. Die Kraft zwischen zwei Partikeln wird durch eine stetige Funktion des Abstandes beschrieben, die bei sehr kurzen Abständen im atomaren Bereich zu einer unendlichen Repulsion tendiert, bei wachsendem Abstand abwechselnd repulsiv und attraktiv wird und schließlich bei makroskopischen Körpern in ein Attraktionsgesetz nach dem Muster von Newtons Gravitationsgesetz übergeht. Dieser Ansatz wird von Kant in der Materietheorie seiner *Metaphysischen Anfangsgründe der Naturwissenschaften* (1786) weiterverfolgt. So lehnt Kant die Annahme von Punktsingularitäten wie die „Monaden' à la Bošković als Träger von Kraftwirkungen ab und definiert Materie als stetiges dynamisches Kraftfeld, dessen Stabilität durch das Gleichgewicht zwischen anziehenden und abstoßenden Kräften garantiert ist.

Die Wende vom mechanistischen Atomismus zur dynamischen Feldtheorie wird durch physikalische Entwicklungen des 18. und 19. Jahrhunderts begünstigt.[6] So beschreibt bereits Euler seine Hydrodynamik als eine Feldtheorie, wobei die Bewegungsfelder einer Flüssigkeit durch die Geschwindigkeiten der Flüssigkeit in jedem Punkt bestimmt und insgesamt durch partielle Differentialgleichungen beschrieben werden. Die Standardmethoden zur Lösung solcher Gleichungen liefert die Potentialtheorie mit ihren Verfahren zur Berechnung von Feldern und Potentialen. So konnte auch Newtons ominöse Annahme von Fernkräften zwischen Massen im leeren Raum durch Gravitationsfelder ersetzt werden. Nach der Potentialtheorie genügt die Kenntnis der jeweiligen Massenverteilung, um eine Gravitationskraft zu berechnen, die auf einen Körper im Gravitationsfeld dieser Massen wirkt.

3. Materie und Materialismus im 19. Jahrhundert

Die Physik des 19. Jahrhunderts versuchte systematisch, Newtons Kräfteprogramm auf alle Erscheinungen der Materie zu übertragen. Ein erstes Beispiel betrifft die elektrostatischen Kräfte von geladenen Körpern. Geladene Körper waren technisch reproduzierbar, und die Kraft einer solchen Quelle auf geladene Testkörper (d.h. ihre Impulsänderung) konnte mechanisch gemessen werden. Empirisch bekannt war ferner, daß die Kräfte zwischen geladenen Körpern anziehend sind, falls die Körper verschiedene Ladungen haben, daß sie aber abstoßend sind für Körper derselben Ladung. Die Kraft wirkt (wie bei der Gravitation) auf der Verbindungslinie der beiden Ladungen. Durch Beobachtung und Test zeigt sich, daß das Verhältnis zweier Ladungen durch das Verhältnis entsprechender Kräfte definiert werden kann. Damit kann eine Ladung relativ zu einer Einheitsladung definiert und gemessen werden. 1785 zeigte Coulomb experimentell mit einer Torsionswaage, daß die Kraft zwischen zwei Ruheladungen umgekehrt proportional zum Quadrat ihres Abstandes variiert. Daraus ergibt sich Coulombs Ladungsgesetz, das er heuristisch in Analogie zu Newtons Gravitationsgesetz gefunden hatte.[7]

Das Coulombsche Gesetz ist wie das Newtonsche ein Fernwirkungsgesetz. Das ändert sich mit der Anwendung der Potentialtheorie auf die Elektrostatik. Dann lassen sich nämlich, wie Poisson erkannte, Coulombs Kräfte in Analogie zur Theorie der (schwachen statischen) Gravitationsfelder berechnen. Allerdings existieren auch Unterschiede zwischen Gravitationstheorie und Elektrostatik: Es gibt zwar immer eine Anziehung (Gravitationskraft) zwischen Massen mit demselben (positiven) Vorzeichen, aber nur zwischen Ladungen mit verschiedenen Vorzeichen, während sich solche mit gleichen Vorzeichen abstoßen.

Neben elektrischen Ladungen sind magnetische Kräfte eine seit altersher bekannte Erscheinungsform der Materie. Zentral ist wieder eine Polarität der Materie: Positiver und negativer

Magnetismus. Wichtige Unterschiede zwischen Elektrizität und Magnetismus waren früh bekannt: Man kann positiven und negativen Magnetismus nicht voneinander trennen. Es gibt keine Quellen, sondern nur Doppelquellen des Magnetfeldes. Magnetische Wechselwirkungen wurden auch an magnetisierten Materialien wie Eisen beobachtet. Das magnetische Feld eines Eisenmagneten ist anschaulich durch die Kraftlinien von Eisenspänen zwischen positivem und negativem Pol realisiert, die zudem die Richtung der Kraft anzeigen. Im nahezu homogenen magnetischen Feld der Erde kann die Größe und die Richtung des magnetischen Feldvektors durch das mechanische Drehmoment definiert werden, das sich an einer frei schwingenden Magnetnadel mit bestimmtem magnetischem Moment zeigt.

Zwischen einem Magneten und seiner Ladung in Ruhe existieren keine Kräfte. 1819 hatte Oersted beobachtet, daß Drähte mit elektrischem Strom Ablenkungen von Magnetnadeln erzeugen. Ströme sind also nun Quellen magnetischer Kraftfelder. 1820 formulierten Biot und Savart das Grundgesetz der Kräfte zwischen zwei Stromdichten – in Analogie zum Coulombschen Gesetz der Kräfte zwischen zwei Ladungsdichten (aber verschieden in ihrem vektoriellen Charakter). Wie das Coulombsche Gesetz führt auch das Biot-Savartsche Gesetz von einem Fernwirkungsgesetz der Materie auf Feldgesetze, deren Gleichungen durch die Potentialtheorie berechnet werden können. Die einzige Verbindung zwischen Elektrostatik und Magnetostatik war bisher allerdings nur Oersteds Entdeckung, daß magnetische Felder durch Ströme, d.h. bewegte Ladungen erzeugt werden können.

Es ist das geniale Verdienst von Michael Faraday (1791–1867), die umgekehrte Frage gestellt und beantwortet zu haben: Kann elektrischer Strom durch Magnetfelder erzeugt werden? Faraday beobachtete, daß in einem Gebiet, wo das magnetische Feld sich mit der Zeit ändert, elektrische Felder erzeugt werden (z.B. durch Bewegung eines geschlossenen Drahtes im magnetischen Feld eines Stabmagneten).[8] Die mathematischen Präzisierungen lieferte jedoch erst James Clarke

Maxwell (1831–1879). Historisch stand Maxwell zunächst in der Tradition von Thomson (Lord Kelvin), der alle materiellen Erscheinungen durch mechanische Analogien erklären wollte. In seiner Abhandlung von 1855 werden Flüssigkeitsströmungen mit fiktiven Eigenschaften (z.B. „Inkompressibilität") eingeführt und elektrischen Strömen gegenübergestellt. Induktionserscheinungen verdeutlicht Maxwell durch geschnittene Kraftlinien. Ein Magnetfeld entspricht dem Wirbel einer Strömung. Erst in der Abhandlung *A Dynamical Theory of Electromagnetic Field* (1884) liefert Maxwell eine mathematische Theorie des elektromagnetischen Feldes, befreit von mechanischen Analogien. Das elektromagnetische Feld ist alleine durch die Maxwellschen Feldgleichungen definiert, die elektrisches und magnetisches Feld, Strom- und Ladungsdichte miteinander verbinden.

1887 zeigte Heinrich Hertz im Experiment, daß mit elektromagnetischen Mitteln hergestellte Wellen sich wie Licht verhalten können. Die Ableitung einer Wellengleichung aus den Maxwellschen Gleichungen begründete die Einheit von Elektrodynamik und Optik. Es zeigte sich, daß Licht nichts anderes als elektromagnetische Wellen ist und sich nicht mit beliebiger, sondern endlicher Geschwindigkeit (d.h. der Phasengeschwindigkeit der Wellen) fortpflanzt. Damit war die alte Fernwirkungstheorie Newtons endgültig aus der Elektrodynamik verbannt und das elektromagnetische Feld als eigenständige materielle Erscheinungsform erkannt.[9]

Der Materiebegriff wird also im 19. Jahrhundert durch neue physikalische Disziplinen erweitert. Anfang des 19. Jahrhunderts hatte die romantische Naturphilosophie von Schelling, Hegel u.a. noch den mechanistischen Atomismus der französischen Aufklärungsphilosophie (z.B. Holbach) kritisiert, indem sie auf Erscheinungen wie Magnetismus, Elektrizität, Wärme, chemische Kohäsionen u.ä. verwies. Die Natur wurde als ganzheitlicher und beseelter Organismus verstanden, der nicht mechanisch-atomistisch erklärbar sei.[10] Die Versuche, Elektrizität, Magnetismus, Wärme, Chemie und tierischen Galvanismus aus einer spekulativen Metaphysik abzuleiten, stießen jedoch bei vielen mathematisch und experimentell arbeitenden Naturwissenschaftlern auf scharfe Ablehnung. „Geist" und „Materie" wurden fortan als Gegensätze empfunden. /

Der Aufschwung einer mathematisch und experimentell arbeitenden Naturwissenschaft, die alle Formen der Materie zu erfassen schien, war verbunden mit der technisch-industriellen Revolution, die im 19. Jahrhunderts die europäische Gesellschaft völlig veränderte. Dampfmaschine und Verbrennungsmotor, Eisenbahn und Automobil, Gaslicht und Elektrifizierung waren Schlüsselinnovationen jenes Jahrhunderts. Materie war nicht länger nur Gegenstand der Naturforschung und philosophischer Reflexion, sondern ein schier unbegrenztes Reservoir von Rohstoffen, die durch wachsende technisch-naturwissenschaftliche Kenntnisse ausgebeutet werden konnten.

Daher forderte der Philosoph und Mediziner Ludwig Büchner (1824–1899) in seinem populären Bestseller *Kraft und Stoff* (Frankfurt 1855, in 15 Sprachen übersetzt und bis 1904 in Deutschland 21 Auflagen), daß sich die Philosophie an den Naturwissenschaften zu orientieren habe, um eine Konstruktion der Welt nur auf Beobachtungen zu stützen. Kraft und Stoff werden als unzertrennbare Eigenschaften der Materie herausgestellt, die nach Büchner einer ewigen Naturgesetzlichkeit unterliegen. Tatsächlich stand Mitte des 19. Jahrhunderts der „Erhaltungssatz der Kraft" (im Sinne von Energieerhaltung) im Mittelpunkt wissenschaftlichen Interesses. Untersuchungen über den Stoffwechsel und die Wärmeentwicklung bei der Muskeltätigkeit führten Helmholtz 1847 unabhängig von Mayer zu diesem Grundgesetz (vgl. Kap. V. 1). Damit verband Helmholtz das im 19. Jahrhundert unter dem Titel „Energetik" bekanntgewordene Programm, den Erhaltungssatz der Energie von der Mechanik auf alle physikalischen Gebiete (z.B. Wärmelehre) zu übertragen.

Im Unterschied zur materialistischen Popularphilosophie versuchte Friedrich Engels (1820–1895) im dialektischen Materialismus, die Natur- und Gesellschaftsgeschichte nach dialektischen Bewegungsgesetzen zu ordnen, die teilweise aus Hegels und Marx dialektischer Methodik entlehnt wurden und sich am Kenntnisstand der damaligen Naturwissenschaften (insbesondere der Darwinschen Evolutionstheorie) orientierten.[11] In der von Lenin dogmatisch verschärften Form wurden folgende materialistische Grundthesen herausgestellt: Die vom Menschen unabhängige Wirklichkeit spiegelt sich im Bewußtsein des Menschen wider. Die Wirklichkeit insgesamt mit dem menschlichen Bewußtsein ist materiell und erkennbar. Die Wirklichkeit kann nur in ihrem Gesamtzusammenhang erkannt werden. Sie ist als ständige Bewegung zu verstehen und zwar als Übergang von quantitativen zu qualitativen Veränderungen, die sich im Kampf der Gegensätze und ihrer Vereinigung bilden. Dabei bleibt nach dem Gesetz der Negation der Negation das Vergangene und Überwundene im Neuerstandenen auf höherer Ebene erhalten. Der Begriff der Materie wird zudem auf die ökonomische Basis der Gesellschaft erweitert. Wissenschaft und Kultur gehören zum gesellschaftlichen Überbau dieser materiellen Verhältnisse, die sich im menschlichen Bewußtsein widerspiegeln. In späteren Versionen des dialektischen Materialismus zählen Wissenschaft und Technik auch zu den Produktionsfaktoren, also zur Basis der hochentwickelten Industriegesellschaft.

Die methodisch-erkenntnistheoretische Auseinandersetzung mit dem Materiebegriff des 19. Jahrhunderts in der Tradition des Neukantianismus wird von Friedrich Albert Lange (1828–1875) eingeleitet. In seiner maßgebenden *Geschichte des Materialismus und Kritik seiner Bedeutung in der Gegenwart* (1866) zeigt Lange, daß sowohl der Materialismus als auch die traditionellen Systeme der Metaphysik in Gestalt „wissenschaftlicher Weltanschauungen" ihre Grenzen überschreiten. Wissenschaften können nicht als Weltanschauung und Weltanschauungen nicht als Wissenschaft auftreten. Erkenntnistheoretisch strebt Lange eine Überwindung des Materialismus durch eine physiologische Deutung der Transzendentalphilosophie Kants unter den veränderten Bedingungen der Naturwissenschaften im 19. Jahrhundert an. Kategorien und Grundbegriffe wissenschaftlicher Erkenntnis haben Gültigkeit lediglich in ihrer erfahrungsermöglichenden Funktion. Da die Wirklichkeit kein Absolutum ist, bedarf sie nach Lange der Ergänzung durch Ideale und Werte von Ethik und Religion, Kunst und Mythos.

Ernst Mach (1838–1916), der ebenfalls experimentell auf dem Gebiet der Sinnesphysiologie gearbeitet hatte, lehnte es als metaphysisch ab, eine materielle Außenwelt unabhängig von Empfindungskomplexen des menschlichen Beobachters zu akzeptieren. Aufgabe der Wissenschaft sei es vielmehr, die Empfindungen der menschlichen Sinnesorgane durch Meßgeräte zu eichen und zu verschärfen, Regelmäßigkeiten und Abhängigkeiten zwischen ihnen festzustellen und nach zweckmäßigen Gesetzen der Denkökonomie zu ordnen. Die Existenz von irgendwelchen ‚ewigen‘ Grundgesetzen der Natur wird ebenfalls als metaphysisch (weil durch Wahrnehmung und Empfindung nicht begründbar) verworfen.[12]

Machs Positivismus, nach dem Erkenntnis nur durch Beobachtung gerechtfertigt ist, beeinflußte zunächst führende Physiker des 20. Jahrhunderts wie z.B. Einstein bei der Begründung seiner Allgemeinen Relativitätstheorie und Heisenbergs Begründung der Quantenmechanik. Später zeigte sich allerdings, daß die Grundbegriffe von Relativitätstheorie und Quantenmechanik wegen ihres hohen mathematischen Abstraktionsgrades nicht mehr unmittelbar auf Wahrnehmungen und Empfindungen zu reduzieren sind. Zudem führte Machs Positivismus zur Ablehnung der Atomtheorie, sofern sie nicht nur als Hypothese, sondern als Wiedergabe einer Tatsache vertreten wurde. So kritisierte er Boltzmanns statistische Thermodynamik, in der makroskopische Wärmeerscheinungen wie z.B. Temperatur durch mikroskopische (und damals nicht beobachtbare) atomare und molekulare Wechselwirkungen erklärt wurden (vgl. Kapitel V.1). Unabhängig von dieser Beschränkung des Machschen Positivismus, die sich in der späteren Entwicklung der Physik zeigte, wirkte seine Methoden- und Metaphysikkritik auf den Wiener Kreis und den darauf aufbauenden logischen Empirismus des 20. Jahrhunderts.

III. Materie in der Relativitätstheorie

In der Relativitätstheorie müssen klassische Abgrenzungen des Materiebegriffs revidiert werden. Der Massebegriff der Mechanik muß in der Speziellen Relativitätstheorie unter den Bedingungen der Lichtgeschwindigkeit in der Elektrodynamik korrigiert werden. Nach Einsteins Masse-Energie-Formel kann Masse vollständig in Energie zerstrahlen. Die Äquivalenz von träger und schwerer Masse führt zur Allgemeinen Relativitätstheorie, deren relativistische Gravitationsgleichung den Standardmodellen der kosmischen Materie zugrunde liegt.

1. Materie in der Speziellen Relativitätstheorie

In der Speziellen Relativitätstheorie votierte Albert Einstein (1879–1955) für ein gemeinsames Relativitätsprinzip von Mechanik, Elektrodynamik und Optik. In seiner berühmten Arbeit über die Elektrodynamik bewegter Körper (30.6.1905) stellte er zwei Prinzipien an den Anfang: 1. Das Spezielle Relativitätsprinzip, wonach alle gleichförmig geradlinig zueinander bewegten Inertialsysteme physikalisch gleichwertig sind und 2. das Konstanzprinzip der Lichtgeschwindigkeit, wonach die Lichtgeschwindigkeit c in (wenigstens) einem Inertialsystem konstant unabhängig vom Bewegungszustand der Lichtquelle ist.[1] Die Inertialsysteme, die beide Prinzipien erfüllen, heißen Lorentz-Systeme.

Im Unterschied zu den Galilei-Systemen der klassischen Mechanik gibt es keine universelle Zeit in allen Lorentz-Systemen. Zeitmessung wird weg- und ortsabhängig. Da die Lichtgeschwindigkeit Grenzgeschwindigkeit für jede Signalausbreitung ist, gibt es auch keine absolute Gleichzeitigkeit wie in der klassischen Mechanik, in der Signale momentan mit beliebig großer Geschwindigkeit zu einem beliebig weit entfernten Ort übertragen werden können. Die Beobachtung eines fernen Sterns zeigt uns immer nur seinen früheren Zustand in Abhängigkeit von der Lichtgeschwindigkeit, mit der die Nachricht von diesem Zustand dem Beobachter auf der Erde übertragen wurde.

Während Einstein die Annahme eines Äthers als besonderes materielles Trägermedium für elektromagnetische Wellen aufgab, schränkte der niederländische Physiker Lorentz (1853–1928) das Relativitätsprinzip auf die Mechanik ein und forderte für die Elektrodynamik ein ausgezeichnetes Bezugssystem, in dem der Äther ruht. Diese Annahme führte Lorentz zu der ad-hoc-Hypothese, daß ein Elektron, also ein Körper der Elektrodynamik, durch die Bewegung eine Kontraktion in der Bewegungsrichtung proportional zur Größe $\sqrt{1-v^2/c^2}$ erfährt. Dieser Effekt ist heute experimentell bestens bestätigt.

Für Einstein ist dieser Rechenausdruck aber keineswegs nur eine unerklärliche ad-hoc-Hypothese der Elektrodynamik, sondern eine zwingende Folgerung aus den Transformationen der Lorentz-Systeme, die für Mechanik und Elektrodynamik gelten. Als weitere Folgerung ergibt sich für träge Massen m eine Abhängigkeit von der Geschwindigkeit v relativ zu einem ruhenden Beobachter mit $m = m_0/\sqrt{1-v^2/c^2}$, wobei m_0 die Ruhmasse des Körpers ist, die in einem Bezugssystem gemessen wird, in dem der Körper ruht. Die sich daraus ergebende Massenvergrößerung für hohe Geschwindigkeiten nahe c wurde für schnelle Elementarteilchen experimentell nachgewiesen.

Für die kinetische Energie E eines Körpers folgt Einsteins berühmte Masse-Energie-Formel $E=mc^2$ mit der relativistischen Masse m. Abweichungen von den Gesetzen der klassischen Mechanik aufgrund der Abhängigkeit der Masse von der Geschwindigkeit machen sich experimentell nur bei hohen Geschwindigkeiten bemerkbar. Prinzipiell zeigt sich aber nach der Masse-Energie-Formel, daß Masse nur eine spezielle Form von Energie ist; Masse kann zu Energie zerstrahlen – ob zum Segen der Menschheit in der friedlichen Energietechnik oder zu ihrem Fluch bei den Kernwaffen. Damit wurde Einsteins Formel zu einem Symbol des 20. Jahrhunderts. Die vorrelativistische Physik unterscheidet die Erhaltungssätze der Energie und der Masse. In der Speziellen Relativitätstheorie verschmelzen sie zu einem Satz.

2. Materie in der Allgemeinen Relativitätstheorie

Seit 1907 weitete Einstein seine Untersuchungen von gleichförmig geradlinig zueinander bewegten Bezugssystemen auf beschleunigte Bezugssysteme und die Gravitation aus. Anschaulich stellte er sich einen Experimentator in einem geschlossenen Kasten vor, der aufgrund von Messungen an Massen im Kasten nicht entscheiden kann, ob diese Effekte durch eine Beschleunigung des Kastens nach oben (wie bei einem Aufzug) oder durch ein homogenes (d.h. überall gleichwirkendes) Gravitationsfeld (z.B. der Erde) hervorgerufen werden. Dieser Tatbestand läßt sich auch so ausdrücken, daß sich durch Bezug auf ein mit konstanter Beschleunigung frei fallendes Bezugssystem alle Auswirkungen eines homogenen Gravitationsfeldes auf Massen eliminieren lassen. In diesem Fall gelten die Gesetze der Speziellen Relativitätstheorie. In einem frei fallenden System (z.B. Raumkapsel) spürt man tatsächlich keine Gravitation. Einsteins Gedankenexperiment ist heute durch die Astronauten im Orbit realisiert, die während des freien Falls im Gravitationsfeld der Erde Schwerelosigkeit registrieren.[2]

Tatsächlich liegen homogene Gravitationsfelder in der Natur nur lokal in sehr kleinen Raum-Zeit-Abschnitten vor, während global Gravitationsfelder an verschiedenen Orten in der Gravitationsstärke variieren. Man spricht dann von Inhomogenität. Nur lokal läßt sich also auch die Abwesenheit von Gravitation im Sinn des Äquivalenzprinzips und damit der Zustand der Speziellen Relativitätstheorie annähernd realisieren. Nur lokal bei Abwesenheit von Gravitation können sich freie Punktteilchen mit konstanter Geschwindigkeit geradlinig bewegen. In inhomogenen Gravitationsfeldern treten ortsabhängige Relativbeschleunigungen der Körper und Krümmungen ihrer Bahnen auf. Diesem Tatbestand entspricht Einsteins Allgemeines Relativitätsprinzip der Gleichberechtigung aller (nicht nur der gleichförmig geradlinig bewegten) Bezugssysteme und der Kovarianz (d.h. Unveränderlichkeit der Form) von Bewegungsgleichungen bei Transformationen zwischen diesen allgemeinen Bezugssystemen. Wenn allerdings keine Gravitation vorliegt, dann soll die Bewegungsgleichung in ein Gesetz der Speziellen Relativitätstheorie übergehen.[3]

Was folgt daraus für das Newtonsche Gravitationsgesetz? Nach Newton ist eine Masse die Quelle eines Gravitationsfeldes. Umgekehrt wirkt nach Newton das Gravitationsfeld wiederum nur auf Massen. Nach Einstein ist aber Masse nur eine spezielle Form von Energie und Masse. Ferner werden nach Einstein alle materiellen Vorgänge von Gravitation beeinflußt. Konsequenterweise müssen in einer relativistischen Gravitationstheorie nicht nur Massen, sondern alle Formen der Materie als Energie gravitierend wirken. Licht wird also nicht nur durch Gravitation beeinflußt, sondern wirkt auch als Quelle der Gravitation und damit der Krümmung der Raum-Zeit. Die Einsteinsche Feldgleichung der Gravitation stellt eine allgemein-relativistische Verallgemeinerung der Newtonschen Gleichung dar. Einsteins Krümmungstensor übernimmt darin die Rolle des Gravitationspotentials, während sein Energie-Impuls-Tensor die Verteilung von Massendichte, Energiedichte, Spannungen u.a. beschreibt. Die Einsteinsche Feldgleichung der Gravitation erfüllt die Forderung des Allgemeinen Relativitätsprinzips, d.h. sie ist unveränderlich bei Transformationen allgemeiner Bezugssysteme und geht bei Verschwinden von Krümmung und Gravitation in eine Bewegungsgleichung der Speziellen Relativitätstheorie über.

Die Einsteinsche Gravitationstheorie enthält als Grenzfall die Theorie Newtons, wenn die Energiedichte allein Quelle der Gravitation ist, diese Quelle nur Geschwindigkeiten, die gegenüber der Lichtgeschwindigkeit klein sind, aufweist und die erzeugten Gravitationsfelder schwach sind. Als relativistische Theorie läßt Einsteins Gravitationstheorie Signalausbreitung nur mit maximal Lichtgeschwindigkeit zu. Insbesondere können sich danach Änderungen im Gravitationsfeld nur mit

Lichtgeschwindigkeit ausbreiten. Einsteins Theorie sagt daher Gravitationswellen voraus. Als Konsequenz seiner Gravitationsgleichung wurden bisher u.a. die Lichtablenkung und Laufzeitverzögerung in starken Gravitationsfeldern, ferner die Periheldrehung des Merkur empirisch bestätigt.

3. Materie in der relativistischen Kosmologie

1929 entdeckte Hubble, daß die Geschwindigkeit der Fluchtbewegung der Galaxien mit dem Abstand zwischen einem Galaxienhaufen und seinem Beobachter wächst. So deutete er nämlich die Beobachtung, daß das Licht sehr weit entfernter Galaxien sich zum roten Bereich des Spektrums, also zu größeren Wellenlängen verschiebt. Grundlage dieser Erklärung ist der Doppler-Effekt, wonach die Wellenlängen des von einer bewegten Lichtquelle ausgesandten Lichts einem ruhenden Beobachter größer erscheinen, wenn sich die Lichtquelle entfernt, und kleiner, wenn sie sich nähert. Aus der Rotverschiebung konnte Hubble die Fluchtgeschwindigkeit der Galaxien und damit die Gesamtgeschwindigkeit berechnen, mit der sich das Universum ausdehnt.[4]

Um die Expansion des Universums aus Einsteins (ursprünglicher) Gravitationsgleichung ableiten zu können, muß eine Art verallgemeinertes Kopernikanisches Prinzip angenommen werden. Nach dem Kosmologischen Prinzip ist zu keinem Zeitpunkt im Universum ein Punkt oder eine Richtung ausgezeichnet, d.h. zu jedem Zeitpunkt ist der 3-dimensionale Raum homogen und isotrop. Homogenität bedeutet dabei nur, daß bei geeignet gewählter Skalierung alle Materiepunkte im Mittel gleich verteilt sind, wobei in kleineren Abschnitten aufgrund unterschiedlicher Materiekondensationen einzelner Galaxien durchaus Unregelmäßigkeiten vorliegen. Für einen Beobachter zeigt der Sternenhimmel in der Tat überall und zu jedem Zeitpunkt eine homogene Verteilung der Sterne.

Unter Voraussetzung des Kosmologischen Prinzips lassen sich daher drei Expansionsmodelle des Universums mit konstanter räumlicher Krümmung zu jedem Zeitpunkt als Lösungen der Einsteinschen Gravitationsgleichung ableiten. Man nennt sie (nach ihrem Begründer) Friedmann- oder Standardmodelle. Für den sphärischen Fall läßt sich zu jedem Zeitpunkt ein endliches räumliches Volumen der Welt und ein geodätischer Umfang ausrechnen. In diesem Fall ist also das Universum zu jedem Zeitpunkt endlich, aber unbegrenzt – anschaulich vergleichbar im 2-dimensionalen Fall der Oberfläche einer Kugel. Im euklidischen und hyperbolischen Fall erweist sich das Volumen des Universums zu jedem Zeitpunkt als unendlich.

Nach den Singularitätssätzen von Roger Penrose (1965) und Stephen Hawking (1970) folgt aus der Allgemeinen Relativitätstheorie, daß die kosmischen Standardmodelle eine anfängliche Raum-Zeit-Singularität mit unendlicher Krümmung haben müssen.[5] Kosmologisch wird sie als Urknall (Big Bang) des Universums gedeutet, in dem unendlich hohe Dichte und Temperatur herrschen. Danach expandiert das Universum im sphärischen Fall so lange, bis die Gravitation Oberhand über die Expansionskraft gewinnt, um dann wieder zu kollabieren und in einem unendlich dichten Zustand einer Endsingularität zurückzukehren. Man spricht dann von einem geschlossenen Universum. Möglich wäre in diesem Fall auch ein oszillierendes Universum, in dem sich dieser Vorgang wiederholt. Für die beiden anderen Standardmodelle mit flacher oder negativer Krümmung zu jedem Zeitpunkt nach dem Urknall setzt sich die Expansion unbegrenzt mit jeweils mehr oder weniger großer Schnelligkeit fort. Man spricht dann von offenen Universen.

Neben der Spektroskopie (z.B. Fluchtbewegung der Sterne) liefert heute auch die Radioastronomie wichtige Hinweise für die Expansion des Universums. Eine 1965 von Penzias/Wilson entdeckte homogene und isotrope Mikrowellenhintergrundstrahlung läßt auf eine heiße und dichte Frühphase des Universums schließen. Viele Fragen bleiben zunächst offen, die als Voraussetzungen und Nebenbedingungen der Standardmodelle vorausgesetzt wurden. Warum ist die Materie im Universum so regelmäßig bei kosmischer Skalierung verteilt, wie im Kosmologischen Prinzip angenommen wird? Warum ist die heutige Materiedichte so nah an der kritischen Dichte, nach deren Überschreitung die Gravitation überhand gegenüber der Expansion nimmt und das Universum kollabieren würde? Warum lagen exakt diejenigen Werte physikalischer Konstanten vor, die eine Entwicklung des Lebens ermöglicht haben? In einer vereinigten Theorie von Gravitations- und Quantenphysik (z.B. der Theorie des inflationären Universums) sind die Antworten auf diese Fragen kausal ableitbar. In den Bereich weltanschaulicher Spekulation führen allerdings Fragen der Art, was „vor dem Urknall war", da Raum, Zeit und Materie in den Standardmodellen erst nach der Anfangssingularität physikalisch definiert sind. Während der Anfangssingularität mit unendlich hoher Dichte und Temperatur versagen die heute bekannten Gesetze.

Zudem sind kosmologische Modelle ohne Anfangssingularität der Materie denkbar.[6] Bereits 1948 hatten die britischen Physiker Bondi, Gold und Hoyle ein stärkeres Kosmologisches Prinzip postuliert, wonach das Universum nicht nur räumlich, sondern auch zeitlich homogen und isotrop sei. Unter dieser Voraussetzung ergibt sich ein Steady State Universe, in dem Raum, Zeit und Materie schon immer existiert haben. Um räumlich und zeitlich die Materiedichte des Universums auch bei der beobachteten Fluchtbewegung der Sterne aufrechterhalten zu können, mußte allerdings eine ständige Neuentstehung von Materie angenommen werden. Im Rahmen der heutigen Quasi-Steady State Cosmology werden von Fred Hoyle u.a. Modelle ohne Urknallsingularität diskutiert, in denen eine kontinuierlich weitergehende Materieneubildung durch neu entstehende und vergehende Galaxien das großräumige Bild des Kosmos über alle Zeiten hinweg bestehen läßt.

Stephen Hawking schlägt ein singularitätsfreies Modell vor, nach dem das Universum sich aus einem quantenphysikalischen Anfangszustand der Materie aufgebläht hat, der allerdings immer schon bestanden hat. Über alle diese heutigen Modelle des Kosmos läßt sich aber nur auf den Grundlagen der Hochenergiephysik und Quantenfeldtheorien präzise sprechen. Dort wird nämlich ein Materiebegriff entwickelt, der von der klassischen Physik abweicht und wesentlich differenzierter und komplizierter ist als die traditionellen philosophischen Vorstellungen von Materie.

IV. Materie in der Quantenphysik

In der frühen Quantentheorie wurden noch anschauliche Atommodelle nach dem Muster von Planetensystemen benutzt. Eine physikalische Erklärung liefert erst die Quantenmechanik. In den Quantenfeldtheorien wird der Begriff des Materiefeldes eingeführt, mit dem das dynamische Verhalten von sehr vielen gleichartigen, untereinander in Wechselwirkung stehenden Elementarteilchen beschrieben wird. In der kosmischen Evolutionstheorie wird die Materialisation von Elementarteilchen, Atomen und Molekülen aus anfänglicher Strahlung und Energie erklärbar.

1. Atommodelle in der frühen Quantentheorie

Max Planck (1858–1947) wurde 1900 zur Einführung seines nach ihm benannten minimalen Energiequantums h veranlaßt, als eine klassische Beschreibung der Spektralverteilung eines schwarzen Hohlraumstrahlers (z.B. erhitzter Ofen) versagte. 1905 erklärte Einstein den photoelektrischen Effekt mit diskontinuierlichen Lichtquanten. Aus einer mit ultraviolettem oder Röntgenlicht bestrahlten Metallplatte treten nämlich Elektronen aus, deren Energie gleich oder weniger als h mal Strahlungsfrequenz ν ist. Nach Einsteins Lichtquantenhypothese lassen sich also die diskreten Linien im Spektrum als Folge eines Austauschs gequantelter Energie verstehen. Ein Atom kann nur ganz bestimmte Übergänge von einem Energieniveau zu einem anderen ausführen, wobei eine bestimmte Energiemenge emittiert oder absorbiert wird, die derjenigen der emittierten oder absorbierten Strahlung entspricht.

Erste Informationen über den Aufbau der Atome lieferten Rutherfords Experimente mit α-Teilchen, die er auf eine hauchdünne Goldfolie aufprallen ließ. Würde Materie aus massiven Kugeln bestehen, so hätten alle α-Teilchen an den dichtgepackten Atomen abprallen müssen. Tatsächlich wurden aber nur wenige abgelenkt bzw. zurückgeworfen. Diese

Beobachtung und weitere Versuche führten zu der Vorstellung, daß das Atom aus einem Kern dichter Materie mit positiver elektrischer Ladung und einer aus negativ geladenen Elektronen gebildeten Hülle besteht, die zum größten Teil leeren Raum umfaßt.

Damit das Modell mit den Atomspektren vereinbar ist, nahm Niels Bohr (1885–1962) eine Quantisierungsbedingung an. Er verknüpfte den Bahndrehimpuls des Elektrons mit dem Planckschen Wirkungsquantum h. Dabei ergaben sich charakteristische ganze Zahlen 1, 2, ... (‚Hauptquantenzahlen‘) als Vielfache von h, die jeweils einer bestimmten Umlaufbahn mit diskretem Energieniveau des Atoms entsprechen. Der stabilste Zustand eines Atoms ist der Zustand niedrigster Energie. Höhere Bahnen bzw. Zustände heißen angeregt. Nach Bohr sind Übergänge zwischen verschiedenen Bahnen möglich, wenn die Energiemenge, die der Energiedifferenz zwischen den betreffenden Zuständen entspricht, entweder absorbiert oder in Form von elektromagnetischer Strahlung (Photonen) ausgestrahlt wird. Bohr berechnete nach diesem Modell ein theoretisches Spektrum von Wasserstoff, das in guter Übereinstimmung mit dem gemessenen Spektrum stand.[1] Allerdings reichte Bohrs Modell nicht aus, um die Übergänge in schwereren Atomen zu erklären. Trotz Verbesserungen blieben die Atommodelle ad-hoc-Verfahren, denen die Erklärung durch eine grundlegende Materietheorie der Physik fehlte. Im Unterschied zur klassischen Physik war nämlich die Materie nach diesen Modellen mikrophysikalisch durch ‚Quantensprünge‘ bestimmt, bei denen sich die Energie unstetig um kleine, unteilbare Beträge (Quanten) ändert bzw. quantisiert ist.

2. Materie in der Quantenmechanik

Im Alltag und in der klassischen Physik unterscheiden wir zwischen Wellen- und Teilcheneigenschaften der Materie. Eine Wasseroberfläche kräuselt sich als Welle mit einer bestimmten Frequenz. Billardkugeln haben zu jeder Zeit einen bestimmten Ort und Impuls. Ob etwas eine Wasserwelle oder

Billardkugel ist, steht fest, bevor wir Eigenschaften wie z.B. Frequenz oder Ort messen. Demgegenüber kann sich ein Photon als kleinste Einheit des Lichts sowohl wie ein Teilchen als auch wie eine Welle verhalten. Sein Zustand ist unbestimmt, bis eine Messung gemacht wird. Mißt man eine Teilcheneigenschaft (z.B. Ort), so verhält sich das Photon wie ein Teilchen. Mißt man eine Welleneigenschaft, so verhält es sich wie eine Welle. Ob das Photon Welle oder Teilchen ist, wird also erst durch die spezifische experimentelle Anordnung entschieden. Der französische Physiker de Broglie ging von der These aus, daß der beim Licht vorhandene Dualismus von Teilchen und Welle auch bei materieller Strahlung (z.B. Kathodenstrahlung) besteht. Man spricht seitdem vom Welle-Teilchen-Dualismus in der Quantentheorie.

Teilchen- und Wellenbild sind nur anschauliche Modelle der Materie von begrenzter Anwendbarkeit in der Quantenwelt. Diese Modelle sind nämlich Meßergebnissen durch ad-hoc-Annahmen angepaßt. Sie liefern keine physikalischen Erklärungen. Es fehlt eine physikalische Theorie der Materie. Erst die Quantenmechanik lieferte die erforderlichen Grundlagen, die historisch in der Heisenbergschen Version (1925) am Teilchenbild und in der Schrödingerschen Version (1926) am Wellenbild orientiert waren, aber sich schließlich als äquivalent erwiesen. Max Born (1882–1970) stellte eine Verbindung von Teilchen- und Wellenbild her, indem er Schrödingers Wellenfunktion als Wahrscheinlichkeitsamplitude interpretierte, mit der die Aufenthaltswahrscheinlichkeit z.B. eines Elektrons in einem sehr kleinen Raumbereich berechnet werden kann. Damit hatte die Wellenfunktion ihre anschauliche Deutung als ,Materiewelle' verloren und war zu einem wahrscheinlichkeitstheoretischen Rechenausdruck geworden.

Ein Quantensystem ist jedoch kein klassisches Teilchen (z.B. Fußball), dessen Zustand durch eine gleichzeitige Orts- und Impulsmessung beliebig genau bestimmt werden kann. Wenn z.B. ein Neutronenstrahl auf einen Schirm mit zwei Spalten gesendet wird, dann kann zwar der Ort oder der Impuls des Teilchens hinter den Spalten in Abhängigkeit von den Spaltenbreiten (als dem präparierten Zustand des Quantensystems) jeweils genau gemessen und durch Wiederholung die jeweilige Meßstreuung bestimmt werden. Allerdings weist eine kleinere Streuung der Ortsmessung stets eine größere Streuung der Impulsmessung auf und umgekehrt. Dabei verhindert die Plancksche Konstante h, daß beide Streuungen wie in der klassischen Mechanik beliebig klein werden können. Wegen dieser nach Heisenberg benannten Unbestimmtheitsrelation kann die Bahn eines Quantensystems nicht wie z.B. bei einem Fußball berechnet werden, indem sein Ort und Impuls bestimmt wird.

Ein weiterer Unterschied zur klassischen Mechanik ist das Superpositionsprinzip der Quantenmechanik.[2] In Schrödingers Bild überlagern bzw. durchdringen sich zwei Quantenzustände wie zwei Wellen und bilden ein Wellenpaket, das wieder einen Quantenzustand darstellt. Mathematisch ist die Superposition zweier (reiner) Quantenzustände eine Linearkombination, die wieder einen (reinen) Quantenzustand darstellt. Observable, die in zwei getrennten (reinen) Zuständen des Quantensystems noch bestimmte (definite) Werte hatten, besitzen in der Superposition beider Zustände unbestimmte (indefinite) Werte.

Zur Veranschaulichung dieser merkwürdigen Eigenschaft von Materie in der Quantenmechanik stellt sich Schrödinger in einem Gedankenexperiment eine Katze vor, die sich mit einem radioaktiven Präparat (als Quantensystem) in einer geschlossenen Stahlkammer befindet.[3] Dieses Quantensystem löse bei Zerfall einen Hammermechanismus aus, der eine Blausäureflasche zertrümmert und damit die Katze tötet. Die Zustände der Katze ‚tot‘ bzw. ‚lebendig‘ zeigen die Zustände ‚zerfallen‘ und ‚nicht zerfallen‘ des Quantensystems an. Das Quantensystem zerfällt mit einer Wahrscheinlichkeit 1 : 2. Die Quantenmechanik sagt daher einen Gesamtzustand (‚Superposition‘) voraus, in dem die Katze zu gleichen Teilen ‚tot‘ und ‚lebendig‘ ist. Nach der klassischen Physik ist die Katze entweder ‚tot‘ oder ‚lebendig‘.

Das Superpositions- bzw. Linearitätsprinzip der Quantenmechanik hat ernste Konsequenzen für den quantenmechanischen Meßprozeß. Im Anfangszustand einer Messung sind der Meßapparat und das zu messende Quantensystem (z.B. Neutron) in zwei getrennten Zuständen präpariert. Während des Meßprozesses kommt es zu einer Wechselwirkung beider Systeme, deren zeitliche Entwicklung durch die Bewegungsgleichung der Quantenmechanik (‚Schrödingergleichung‘) beschrieben wird. Die Schrödingergleichung genügt dem Linearitäts- bzw. Superpositionsprinzip, d.h. die anfänglich getrennten Zustände überlagern sich zu einem Gesamtzustand (einer Superposition bzw. Linearkombination beider Teilzustände) mit unbestimmten Eigenwerten. Tatsächlich zeigt der Meßapparat zu diesem Zeitpunkt einen definiten Meßwert an. Die (lineare) Dynamik der Quantenmechanik (nach von Neumann) kann daher den Meßprozeß nicht erklären.

Dieses Problem läßt sich auch durch Schrödingers Katzenparadoxon veranschaulichen, wobei die Katze im geschlossenen Stahlkasten als Meßanzeige für die Zustände ‚tot‘ bzw. ‚lebendig‘ dient. Im Sinn der Quantenmechanik wird nur eine Superposition beider Zustände ‚tot‘ und ‚lebendig‘ vorausgesagt, während beim Ableseakt auf dem Meßgerät, d.h. beim Öffnen des Kastens, die Katze definit entweder tot oder lebendig ist. Allerdings muß bei dieser Veranschaulichung beachtet werden, daß ein Meßapparat (und mit Sicherheit eine Katze) ein makroskopisches System mit Energieaustausch mit seiner Umwelt ist, auf das strenggenommen die Quantenmechanik (nach von Neumann) nicht anwendbar ist.

Für Albert Einstein waren Superpositionsprinzip und Unbestimmtheitsrelation Anlässe, um die Vollständigkeit der Quantenmechanik zur Beschreibung der Materie im Mikrobereich anzuzweifeln. Im gleichen Jahr 1935 wie Schrödingers Katzenparadoxon veröffentlichte er mit Podolsky und Rosen eine berühmte Arbeit, in der er den Realismus der klassischen Physik gegenüber der Quantenmechanik verteidigt.[4] Dabei kritisiert er, daß die Quantenmechanik korrelierte materielle Systeme vorsieht, die nicht in lokale Teilsysteme getrennt werden können, obwohl keine physikalische Wechselwirkung stattfindet.[5] Schrödinger sprach von „verschränkten" Systemen, die keine Lokalisierung bzw. Separierung in Teilzustände der Teilsysteme zulassen. In den heutigen EPR (= Einstein-Podolsky-Rosen)-Experimenten können z.B. Photonenpaare analysiert werden, die aus einer zentralen Quelle in entgegengesetzter Richtung auf polarisierte Filter fliegen. Die Korrelationen der Polaritätszustände werden als Superpositionen korrelierter Photonen verstanden. Zwei voneinander weit entfernte Elementarteilchen (wie die auseinanderfliegenden Photonen), die über keinerlei Mechanismus miteinander wechselwirken, können dennoch miteinander in Beziehung stehen. Aufgrund der Korrelation bestimmt nämlich eine an einem System vorgenommene Messung im selben Augenblick das Ergebnis einer Messung an den anderen Systemen. Das ist natürlich bei zwei auseinanderfliegenden Fußbällen nicht ohne weiteres möglich.

Die EPR-Korrelation von Meßergebnissen in EPR-Experimenten läßt sich also vom Standpunkt der klassischen und relativistischen Physik aus nicht verstehen, wird aber von der Quantenmechanik präzise vorausgesagt. Demgegenüber war für Einstein das klassische Lokalitätsprinzip der Materie fundamental. 1964 bewies John Bell, daß sich für jede lokalrealistische Theorie eine Ungleichung ableiten läßt, die im Widerspruch zu Voraussagen der EPR-Korrelationen aus der Quantenmechanik steht. Diese EPR-Korrelationen der Quantenmechanik wurden durch EPR-Experimente (z.B. Aspect 1981) hochgradig bestätigt. Auch Einstein hatte die Korrektheit des mathematischen Formalismus der Quantenmechanik nie in Zweifel gezogen, sondern seine Unvollständigkeit kritisiert. Lokal-realistische Theorien der Materie müssen also als alternative Erklärungen von Quantenphänomenen fallengelassen werden.[6]

Eine realistische Deutung der Quantenmechanik muß daher gewohnte Vorstellungen der Materie aus der klassischen Physik aufgeben. Wenn die Observable eines Quantensystems unbestimmte Werte hat, dann kann es sich nicht nur um subjektives Unwissen eines Betrachters, sondern eine objektive

Eigenschaft der Materie handeln. Heisenberg u.a. haben daher Observablen als Potentialitäten der Materie aufgefaßt, um mögliche Werte zu produzieren. Der definite Wert einer Observablen ist dann im Sinne des aristotelischen Realismus eine „Aktualisierung der Potenz" (vgl. Kap. I. 2). Eine klassische Observable, wie sie in Systemen der klassischen Physik auftritt, beschreibt eine Potentialität der Materie, die in allen Zuständen aktualisierte (definite) Werte hat. Nicht-klassische Observablen, wie sie in Quantensystemen auftreten, entsprechen Potentialitäten der Materie mit möglichen (indefiniten) Werten, die nicht in allen Zuständen des Systems aktualisierbar sind. Nichtlokalität beschreibt eine objektive Verschränkung von Zuständen der Quantenwelt und nicht etwa nur unser Unwissen über die Teilzustände. Damit kommen holistische (ganzheitliche) Eigenschaften der Materie zum Ausdruck, die von der klassischen Physik nicht erfaßt werden. Potentialitäten entsprechen zwar mathematischen Größen (Operatoren) des Quantenformalismus, sie sind aber selber kein Gegenstand der Wahrnehmung. Nur aktualisierte Formen in der Gestalt definiter Meßwerte können wahrgenommen werden. Der nicht-lokale Realismus der Quantenmechanik unterscheidet sich also deutlich vom Positivismus des 19. Jahrhunderts, der die Rede von Materie nur akzeptierte, sofern es sich um Meß- und Beobachtungswerte handelte.

Eine andere Variante nicht-lokalen Realismus vertritt David Bohms Theorie verborgener Parameter, die Nicht-Lokalität und das klassische Bild der Materie als einer determinierten Partikelmechanik verbinden will.[7] Ein materielles System ist danach durch die Ortskoordinaten seiner Massenpunkte und eine Wellenfunktion bestimmt, durch die jede Veränderung eines Partikels determiniert ist. Anschaulich stellt sich Bohm die Bewegung eines Elementarteilchens wie die Brownsche Bewegung eines kleinen Partikels vor, der auf einer Flüssigkeit schwimmend durch die Stöße unsichtbarer Flüssigkeitsmoleküle bewegt wird. Man spricht daher auch von einer Führungswelle und einem Quantenpotential, das die Bewegungsbahnen der Partikel determiniert und die übliche Dynamik der

Quantenmechanik ergänzt. Bohm geht also von einer zusätzlichen verborgenen materiellen Substruktur aus, deren Fluktuationen das Geschehen in der Quantenwelt wie die Flüssigkeit bei einer Brownschen Bewegung steuern. In der klassischen Partikelmechanik wird angenommen, daß alle Observablen (z.B. Ortskoordinaten der Partikel) immer definite Werte haben. Allerdings handelt es sich nach Bohm um verborgene Parameter der Materie, die nicht direkt meßbar sind (analog den Ortskoordinaten der Flüssigkeitsmoleküle, die für die Bewegung eines Brownschen Partikels verantwortlich sind). Die Werte von Observablen sind daher zwar immer bestimmt (definit), aber manchmal unbekannt. Unbekannte Werte werden durch ein Wahrscheinlichkeitsmaß über den verborgenen Parametern erklärt. Eine Observable wird als Zufallsvariable aufgefaßt. Im Prinzip besteht daher die Materie der Quantenwelt nach Bohm aus determinierten Bahnen von Teilchen, die uns aber häufig verborgen sind. In Anlehnung an eine berühmte Formulierung Einsteins würfelt in der Quantenwelt Bohms daher nicht Gott, aber der Mensch.

Nicht-Lokalität meint in dem Zusammenhang, daß die Führungswelle alle Partikel eines materiellen Systems gleichzeitig und zusammen determiniert: Zusammengesetzte Partikelsysteme mit einer verschränkten Führungswelle können nicht lokalisiert und separiert werden. Jede lokale Änderung der Führungswelle kann aufgrund der EPR-Korrelationen überall und sofort registriert werden. Die Theorie verborgener Parameter ist also ebenfalls nicht-lokal und weicht mit ihren Voraussagen von der traditionellen Quantenmechanik nicht ab. Man erkauft sich allerdings das vertraute Partikelbild und den Determinismus der Materie mit dem Glauben an verborgene Parameter (und entsprechenden Ergänzungen des mathematischen Formalismus).

Neben diesen realistischen Deutungen, die eine Materie der Quantenwelt unabhängig vom Beobachter annehmen, sind auch subjektivistische Deutungen möglich, nach denen der Beobachter und sein Meßapparat für die Quanteneffekte der Materie verantwortlich gemacht werden. Da wir mit makroskopischen Meßgeräten und klassischen Anschauungsmodellen wie Welle und Teilchen auf die klassische Physik angewiesen seien, läßt sich nach der Kopenhagener Deutung über die Materie der Quantenwelt an sich (etwa durch die Annahme von Potentialitäten oder verborgenen Variablen) nichts aussagen. Philosophisch erinnert die Kopenhagener Deutung daher an Kants Erkenntnistheorie, deren Kategorien nun durch die Gesetze der Quantenmechanik bestimmt sind.[8] Die Wahrscheinlichkeit von Erwartungswerten gibt danach unser prinzipiell mögliches Wissen wieder. Die definiten Meßwerte werden durch den Meßakt erklärt, der nach der Kopenhagener Deutung einen ‚Kollaps des Wellenpakets‘ auslöst.

Manche subjektivistische Deutung der Quantenmechanik geht noch weiter und macht nicht nur den Meßapparat, sondern das menschliche Bewußtsein beim Meßakt verantwortlich. So schlug Eugene Wigner (1961) vor, daß die Linearität der Schrödingergleichung für den menschlichen Beobachter nicht ausreicht und durch ein nicht-lineares Verfahren ersetzt werden müßte, das getrennte Zustände und Systeme der Materie liefert. Wigners Interpretation zwingt allerdings zu der Annahme, daß die linearen Superpositionen der Quantenwelt nur in solchen Gegenden des Universums in getrennte Teilzustände separierter Systeme aufgehoben werden, wo das menschliche oder ein menschenähnliches Bewußtsein „auf die Materie" einwirkt. In der makroskopischen Welt der Billardkugeln und Planeten wurden jedoch keine EPR-Korrelationen bestätigt, sondern nur in der mikroskopischen Welt z.B. der Photonen bis zur mesoskopischen Welt der Moleküle.

Es erscheint wenigstens ziemlich merkwürdig, daß die getrennten Materiezustände der makroskopischen Welt, die in der klassischen Physik mit definiten Meßwerten erfaßt werden, durch das menschliche oder ein menschenähnliches Bewußtsein verursacht sein sollen. John Bell fragte dazu ironisch: „Was genau zeichnet ein physikalisches System aus, die Rolle des ‚Messenden‘ zu spielen? Hat die Wellenfunktion der Welt Tausende von Jahren auf den Sprung gewartet, bis ein einzelliges Lebewesen erschien? Oder mußte sie noch länger warten, auf ein besser qualifiziertes System ... mit Doktortitel?"[9] Offenbar hat Einstein mit seiner Unvollständigkeitskritik insofern recht, als die traditionelle (lineare) Quantenmechanik mit uneingeschränkter Gültigkeit des Superpositionsprinzips für eine umfassende Theorie der Materie mit klassischen und nicht-klassischen Eigenschaften im Mikro-, Meso- und Makrobereich nicht ausreicht. Die Hoffnung der Physiker richtet sich daher auf eine Vereinigung aller physikalischen Grundkräfte und materiellen Systeme in einer gemeinsamen Theorie der Materie.

3. Materie in der Elementarteilchenphysik

Eine Vereinigung von Elektrodynamik, Spezieller Relativitätstheorie und Quantenmechanik gelang in der Quantenelektrodynamik.[10] Bereits Diracs erster Ansatz zu einer relativistisch-quantenmechanischen Wellengleichung des Elektrons (1927/28) erwies sich als fruchtbar, da sie zu der damals überraschenden Prognose eines Antiteilchens (Positron) führte, das 1932 auch tatsächlich entdeckt wurde (Abb. 2). Die zunächst ungewöhnliche Annahme der Erzeugung und Vernichtung von Teilchen-Antiteilchenpaaren in der Quantenelektrodynamik wird in den Experimenten moderner Elementarteilchenbeschleuniger mit beispielloser Genauigkeit bestätigt.

Andererseits traten seit den ersten Entwürfen zur Elektrodynamik typische Singularitäten auf, von denen man nicht wußte, ob sie grundlegende Grenzen dieses Theorieansatzes bedeuten. Gemeint sind experimentell bestimmbare Größen der Materie wie z.B. Massen von Elementarteilchen und Kopplungskonstanten ihrer Wechselwirkungen, für die sich bei Berechnungen in Quantenfeldtheorien unendliche Werte ergeben. Zwar konnten diese Divergenzen durch Rechentechniken der Renormierungstheorien ad hoc vermieden werden, ohne aber eine abschließende physikalische Erklärung zu liefern.

Das Grundthema der Quantenelektrodynamik ist die Wechselwirkung von Materieteilchen (z.B. Elektronen) bzw.

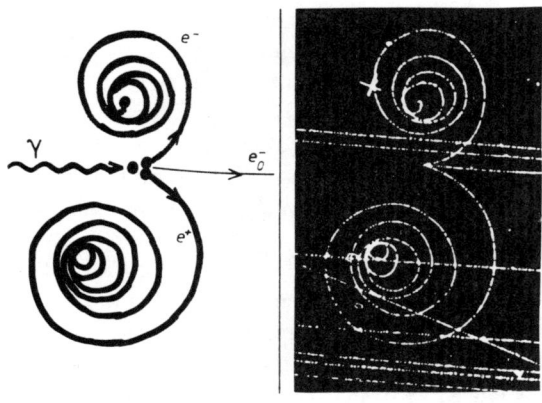

Abb. 2: Blasenkammeraufnahme einer e^-e^+–Paarerzeugung

Materiewellenfeldern mit elektromagnetischen Feldern.[11] Elektromagnetische Wechselwirkungen sind uns bereits aus dem Alltag wohlbekannt. Die Ausstrahlung von elektromagnetischen Wellen durch ein beschleunigtes Atom kennt man z.B. von Radioantennen oder Röntgenröhren. Demgegenüber wurden die schwachen Wechselwirkungen in den Atomen viel seltener beobachtet, z.B. beim β-Zerfall des Neutrons, das sich unter gleichzeitiger Emission eines Elektron-Antineutrino-Paares in ein Proton umwandelt. Zunächst scheint es, daß schwache und elektromagnetische Wechselwirkungen wenig Gemeinsamkeiten haben. Die schwache Kraft ist ca. tausendmal schwächer als die elektromagnetische. Während die elektromagnetische Wechselwirkung langreichweitig ist, wirkt die schwache Kraft nur in Abständen, die wesentlich kleiner sind als z.B. der Radius des Neutrons. Die radioaktiven Zerfälle sind viel langsamer als die elektromagnetischen. Bei den elektromagnetischen Wechselwirkungen (z.B. Streuung von einem Elektron an einem Proton) werden im Unterschied zum β-Zerfall keine Elementarteilchen in andere umgewandelt.

Die Teilchen, die an der schwachen Wechselwirkung teilhaben, heißen Leptonen (gr. leptós = zart): z.B. Neutrinos (ν), Elektronen (e-) und Myonen (μ+). Sie besitzen keine oder nur geringe Massen. Leptonen und Myonen haben positive oder negative Ladung. Von den leichtesten Leptonen, den Neutrinos (v) und Antineutrinos ($\bar{v}$), gibt es zwei Sorten: Elektron-Neutrinos (v_e) und Myon–Neutrinos (v_μ). Einer der aufregendsten Unterschiede wurde in den 50er Jahren entdeckt: Während die elektromagnetische Wechselwirkung räumlich spiegelungsinvariant ist, verletzt die schwache Wechselwirkung die Parität maximal.

Trotz dieser Unterschiede schlugen Weinberg, Salam und Ward einen Vereinigungszustand beider Kräfte vor und gingen dabei von einer Symmetriehypothese aus. Sie nahmen an, daß in einem hypothetischen Anfangszustand hoher Energie von etwa 100 Giga-Elektronenvolt (1 GeV = 1 Milliarde Elektronenvolt) die schwache und elektromagnetische Wechselwirkung ununterscheidbar sind und in diesem Sinne eine gemeinsame Kraft bilden, die mathematisch durch eine SU(2)xU(1)-Symmetrie beschrieben wird. 1983 konnten diese Symmetriezustände mit hohem Energieaufwand in CERN realisiert werden. Bei kritischen Werten niedrigerer Energie bricht die Symmetrie spontan in zwei Teilsymmetrien U(1) und SU(2) auseinander, die der elektromagnetischen und schwachen Wechselwirkung entsprechen. Dieser Vorgang wird hier durch den sogenannten Higgs-Mechanismus erklärt.[12]

Anschaulich ist das Konzept der spontanen Symmetriebrechung aus vielen physikalischen Bereichen bekannt: Ein Ei besitzt in Bezug auf seine Längsachse Rotations- und Spiegelungssymmetrie. Stellt man es senkrecht auf eine Tischplatte und überläßt es sich selber, so rollt es auf die Seite und bleibt in irgendeiner Richtung liegen: Die Symmetrie des Eis relativ zur senkrechten Achse auf dem Tisch ist gebrochen, wobei die Symmetrie der Eischale erhalten bleibt. Die Symmetriebrechung ist spontan, da die Orientierungsrichtung, in der das Ei schließlich liegen bleibt, nicht voraussagbar war. Die Ursache ist in diesem Fall die Gravitation der Erde, die das Ei einen energetisch günstigeren Zustand einnehmen läßt: Der symmetrische Zustand relativ zur senkrechten Achse der Tischplatte war energetisch nicht stabil.

Kennzeichnend für die spontane Symmetriebrechung eines Systems ist die kritische Größe eines Kontrollparameters, der eine physikalische Randbedingung eines Systems (z.B. Energie) repräsentiert. Im Rahmen der physikalischen Kosmologie wird die SU(2)xU(1)-Symmetrie als ein realer Zustand des Universums gedeutet, der in einem bestimmten Entwicklungsstadium unter bestimmten Temperatur- und Energiebedingungen des Universums geherrscht haben muß. Das Universum selber wird also dabei als gigantisches Hochenergielaboratorium aufgefaßt, dessen Symmetriezustände in unseren irdischen Laboratorien teilweise „nachgemacht" werden können. Allerdings beinhaltet die SU(2)xU(1)-Symmetrie insofern keine vollständige Vereinigung der schwachen und elektromagnetischen Kräfte, da sie jeweils für beide Kräfte eine eigene Symmetriegruppe vorsieht, der jeweils eine eigene Koppelungskonstante der beiden Wechselwirkungen entspricht. Um die Einbettung der schwachen und elektromagnetischen Kräfte in eine höhere Symmetriegruppe studieren zu können, muß zunächst die Symmetrie der starken Kräfte bestimmt werden.

Die starke Kraft war als Kernkraft bekannt, die Proton und Neutron im Atomkern zusammenhält. In den 50er und 60er Jahren entdeckte man eine Fülle von neuen Teilchen, die mit der starken Kraft in Wechselwirkung standen, erzeugt und vernichtet wurden und deshalb Hadronen (gr. hadros = stark) hießen. Mit stärkeren Teilchenbeschleunigern und Energien ließen sich immer weitere Hadronen erzeugen.

Heute wird die Vielfalt der Hadronen, die mit starken Kräften wechselwirken, auf die Symmetrieeigenschaften weniger Grundbausteine zurückgeführt. Gemeint sind die sogenannten Quarks, deren Freiheitsgrade als ‚Farbzustände' illustriert werden. So ist ein Baryon (z.B. Proton und Neutron) aus drei Quarks aufgebaut, die durch drei verschiedene Farbzustände ‚Rot', ‚Grün' und ‚Blau' unterschieden sind. Diese Farben sind in dem Sinne komplementär, als ein Hadron neutral bzw. ‚farblos' gegenüber seiner Umgebung ist. Dieser Gesamtzustand bleibt bei globaler Transformation aller Quarks um den gleichen ‚Farbwinkel' erhalten. Allerdings werden bei nur lokalen Veränderungen der Farbzustände einiger Quarks in einem Hadron Eichfelder benötigt, um lokale Symmetrie, d.h. hier die Invarianz bzw. ‚Farblosigkeit' des Hadrons nach außen, weiterhin zu garantieren. Mathematisch spricht man in diesem Fall von einer lokalen SU(3)-Symmetrie.

Nach der erfolgreichen Vereinigung von elektromagnetischer und schwacher Wechselwirkung wurde die große Vereinigung von elektromagnetischer, schwacher und starker Wechselwirkung angestrebt, schließlich in einer letzten Stufe die ‚Supervereinigung' aller vier Kräfte einschließlich Gravitation. Eine einheitliche Quantenfeldtheorie aller vier Grundkräfte könnte die physikalische Grundlage liefern, um den heutigen Zustand des Universums als Folge von Symmetriebrechungen aus einem einheitlichen Urzustand zu erklären. In diesem Urzustand hatte das Universum eine derart hohe Temperatur, daß eine einheitliche Symmetrie herrschte. Vermutlich waren bei 10^{19} GeV noch alle Teilchen gleichberechtigt und alle Wechselwirkungen gleich stark. Physikalisch wird diese Epoche des Universums ca. 10^{-43} Sekunden nach der Anfangssingularität angenommen. Erst beim Abkühlen brach diese Symmetrie in immer neue Teilsymmetrien auseinander, und es kristallisierten sich schrittweise die einzelnen Teilchen heraus.

Um die heutige Gestalt der kosmischen Materie mit der Hochenergiephysik zu erklären, spielen Grundbegriffe der Quantenfeldtheorie eine zentrale Rolle. Bereits in der Antike entbrannte ein Streit darüber, ob es ein Vakuum als leeren Raum ohne Materie gibt. Nach Demokrit bewegten sich die materiellen Atome im leeren Raum. Nach Aristoteles war das Vakuum eine widersprüchliche Abstraktion, da die Natur von einer sich realisierenden Dynamik erfüllt ist. Nachdem bereits Galilei für die Gültigkeit seines Fallgesetzes von allen Widerständen abstrahiert und Otto von Guericke den luftleeren Raum realisiert hatte, war der ‚horror vacui' der aristotelisch-scholastischen Philosophie in der neuzeitlichen Physik verflogen. Wenn Vakuum allgemein als ‚materieleerer' Raum definiert wird, stellt sich aber sofort die Frage, was ‚Materie' sei. Tatsächlich betrachtet z.B. Guericke nur einen luftleeren Raum.

Es liegt daher nahe, als Vakuum allgemein den Zustand eines Raumgebietes zu bezeichnen, aus dem alles entfernt ist, was sich mit Methoden der Experimentalphysik entfernen läßt. In der Quantenfeldtheorie bezeichnet das Quantenvakuum den tiefstmöglichen Energiezustand eines Quantenfeldes. Als Grundzustand der Energie ist das Quantenvakuum zwar ein Zustand ohne reelle Teilchen, der jedoch keineswegs strukturlos ist. Es gelten nämlich nach wie vor die Gesetze der Quantenmechanik, insbesondere die Energie-Zeit-Unschärfe. Danach kann der Energieerhaltungssatz für kurze Zeit um einen Energiebetrag durchbrochen werden: Je kürzer die Zeit, um so größer kann der Energiebetrag sein. Diese Durchbrechung des Energiesatzes erlaubt im Quantenvakuum für kurze Zeit ein ständiges Auftauchen und wieder Verschwinden von Teilchen, die nicht die Lebensdauer reeller Teilchen haben. Man nennt sie daher auch virtuelle Teilchen. Das Quantenvakuum ist also nicht ‚leer‘, sondern von den Quantenfluktuationen virtueller Teilchen erfüllt.

Der Begriff des Quantenvakuums ist nun für die kosmische Evolution grundlegend. Wenn die Welt noch keine 10^{-35} Sekunden alt ist, dann ist die Materie so heiß, daß starke, schwache und elektromagnetische Kräfte noch nicht unterschieden werden können. Die Quantenfeldtheorie sagt ein Quantenvakuum mit negativem konstantem Druck voraus. Durch ihn wird nach Einsteins Feldgleichungen eine abstoßende Gravitationskraft bewirkt, die Massenpunkte beschleunigt auseinandertreibt. Durch Abkühlung der Materie, die an der vereinigten starken, schwachen und elektromagnetischen Wechselwirkung beteiligt ist, kommt es nach 10^{-35} Sekunden zur erwähnten Symmetriebrechung, in der sich starke und elektroschwache Kräfte trennen. Während dieses Phasenübergangs überwiegt der negative Druck des Quantenvakuums und treibt als Antigravitation das Universum in kürzester Zeit um einen gewaltigen Faktor von 10^{50} auseinander. Während dieser extremen („inflationären") Expansion zerfällt der anfängliche Vakuumszustand und wandelt seine gespeicherte Energie in viele reelle Teilchen um. Nach dieser Materieerzeugung aus dem Quantenvakuum wird die Antigravitation durch Gravitation ersetzt. Das Universum geht in eine Phase gravitativ gebremster Expansion über, wie sie von den Standardmodellen nach 10^{-35} Sekunden beschrieben wird (vgl. Kap. III.3).[13]

Mit der Theorie inflationärer Materieerzeugung aus dem Quantenvakuum lassen sich einige Voraussetzungen und Nebenbedingungen der relativistischen Standardmodelle erklären. So wird jede anfängliche Unregelmäßigkeit durch die extreme Ausdehnung eines sehr kleinen Bereichs zu Null gestreckt. Das Universum ist also so regelmäßig, wie im Kosmologischen Prinzip angenommen, weil es sich einmal inflationär aufgebläht hat. Analog werden beim Aufblasen eines schrumpeligen Luftballons Falten weggeglättet. Im Idealfall würde die Krümmung bei weiterem Aufblasen gegen Null gehen. Analog sagt die Theorie des inflationären Universums einen räumlichen Zustand verschwindender Krümmung voraus. Das erklärt, warum die Materiedichte im Universum heute nahezu der kritischen Dichte des euklidischen Modells entspricht. Die heutige globale Regelmäßigkeit des Universums schließt lokale Unterschiede z.B. einzelner Galaxien nicht aus. Sie werden durch lokale Fluktuationen von Quantenfeldern erklärt, die während der inflationären Expansion vergrößert wurden und aufgrund damit verbundener Dichteschwankungen den Keim für spätere Galaxienbildungen legten.

Während vor der Symmetriebrechung der großen Vereinigung Materie in Form von Quarks sich in Antimaterie in Form von Antiquarks umwandeln konnte, gilt nach der Abtrennung der starken Wechselwirkung ein Erhaltungssatz (‚Baryonenzahl‘), der diese Umwandlung ausschließt. Vor diesem Phasenübergang ist also eine geringe Durchbrechung des Erhaltungssatzes und ein damit verbundener schwacher Überschuß von Materie über Antimaterie möglich. Nachdem sich Materie und Antimaterie gegenseitig vernichtet hatten, ist ein kleiner Überschuß von Materie (z.B. Protonen) übriggeblieben, aus dem sich schließlich die Sterne, die Erde und das Leben auf der Erde entwickeln konnten. In einer künftigen

Entwicklung des Universums könnte aber dieser „Überschuß" an Materie, auf dem unsere Existenz beruht, wieder verfallen, wenn nämlich die Protonen wieder zerstrahlen. Bei einer mittleren Lebensdauer eines Protons von 10^{31} Jahren erscheint die Verfallsfrist der Materie zwar gigantisch, aber immerhin physikalisch denkbar und experimentell nachweisbar.

Wenn die Materialisation des heutigen Universums durch Symmetriebrechungen erklärt wird, dann müssen fundamentale Symmetrien in Form von Eichsymmetrien vorausgesetzt werden. Nach Werner Heisenberg ist daher (in platonischer Tradition) nicht die Materie, sondern die Symmetrie mathematischer Naturgesetze „die letzte Wurzel der Erscheinungen". Carl Friedrich von Weizsäcker geht noch einen Schritt weiter, indem er Symmetrien der Natur als Näherungen aus einer tiefer liegenden Logik der Zeit ableitet. Damit sind Begründungskonzepte angesprochen, die den Begriff der Materie erst ermöglichen sollen.[14]

V. Materie in der Thermodynamik

In der Thermodynamik des 19. Jahrhunderts wird Materie zunächst unter dem Gesichtspunkt der Wärmelehre untersucht. Über die Äquivalenz von Wärme und Arbeit führt der Weg zum 1. Hauptsatz von der Erhaltung der Energie und schließlich zum 2. Hauptsatz der Thermodynamik. In der statistischen Deutung Boltzmanns werden Erklärungsmodelle für die Entstehung von Ordnung im thermischen Gleichgewicht möglich. Die moderne Nichtgleichgewichtsthermodynamik liefert die Rahmenbedingungen für Selbstorganisationstheorien der Materie.

1. Materie in der Thermodynamik des Gleichgewichts

Neben Elektrizität und Magnetismus war Ende des 18. Jahrhunderts die Wärme eine materielle Erscheinung, über deren Grundlagen sich die Physik noch durchaus im unklaren war. Ist Wärme ein eigener materieller Stoff, oder entsteht sie aus der Bewegung kleinster Stoffteilchen, vielleicht in einem Wärmeäther analog dem Lichtäther von Huygens? 1824 stellte Sadi Carnot die Theorie einer idealen Wärmekraftmaschine auf. Dabei sollte der Wärmestoff nicht verbraucht werden, sondern von einem heißen zu einem kalten Körper übergehen. Wärme war also nach Carnot ein unzerstörbarer Stoff und die Temperatur ein Niveau, das die potentielle Energie des Wärmestoffs bestimmte. Die Arbeitsleistung einer Wärmekraftmaschine kam nach Carnot dadurch zustande, daß eine unverändert bleibende Menge ,Caloricum' von einem höheren zu einem tieferen Temperaturniveau absinkt. Der Mediziner Julius Robert Mayer (1814–1878) postulierte eine einzige, universelle ,Kraft' der Natur, die sich in verschiedenen Formen wie Hitze und Bewegung darstellt, selbst aber unzerstörbar ist. Damit stellte er sich in die Tradition von Leibniz und Huygens, die einen Erhaltungssatz der mechanischen Energie vorausgesetzt hatten. 1842 veröffentlichte Mayer (analog wie

Joule) seine Hypothese von der Äquivalenz physikalischer Arbeit und Wärme und übertrug später die Idee von der Erhaltung der Energie auf elektrische und chemische Kräfte. 1847 gab Helmholtz die mathematischen Formeln für die verschiedenen Energieformen an.[1]

In den sechziger Jahren des 19. Jahrhunderts hatte Rudolf Clausius einen ‚Verwandlungswert' der Wärme eingeführt, dessen spontane Zunahme in isolierten Systemen irreversible Prozesse charakterisieren sollte. Solche Vorgänge sind aus dem Alltag und der Physik wohlbekannt. Ein Behälter mit einer warmen Flüssigkeit kühlt sich spontan auf die sie umgebende Zimmertemperatur ab. Der umgekehrte Vorgang einer spontanen Mehrerwärmung gegenüber der Zimmertemperatur wurde nie beobachtet. Wärme fließt offenbar so lange, bis sie überall gleich verteilt ist und in diesem Zustand des Gleichgewichts kein Temperaturgefälle im System mehr existiert. Für seinen Verwandlungswert prägte Clausius analog zum griechischen Wort ergon für Energie das Kunstwort Entropie aus dem griechischen Wort tropos (Wendung). Die Veränderung der Gesamtentropie eines physikalischen Systems und seiner Umgebung in einem sehr kleinen Zeitintervall entspricht der Summe aus der Entropieänderung der Umgebung und im System selbst.[2]

Der 2. Hauptsatz der Thermodynamik fordert daher, daß die Entropieänderung im System größer oder gleich Null ist. Für isolierte Systeme, bei denen die Entropieänderung der Umgebung Null ist, kann die Entropie zunehmen oder konstant bleiben, wenn das thermische Gleichgewicht erreicht ist. Im Gleichgewichtsfall ist die Entropieänderung im System gleich Null. Ein Paradebeispiel für ein isoliertes System war für Clausius das Universum selber. 1865 wendete er die beiden Hauptsätze der Thermodynamik kosmologisch an. Nach dem 1. Hauptsatz ist die Energie der Welt konstant. Nach dem 2. Hauptsatz folgt für die Entropie der Welt, daß sie einem Maximum zustrebt.

Eine statistisch-mechanische Erklärung von Temperatur und Entropie geht vor allem auf Maxwell, Boltzmann und

Gibbs zurück. Danach sollte das makroskopisch beobachtbare Geschehen durch mikroskopische Wechselwirkungen von sehr vielen Teilchen und sehr vielen Freiheitsgraden erklärt werden. Als Beispiel eines makroskopischen Vorgangs betrachte man einen ungleichmäßig mit Gas gefüllten Behälter, in dem sich sehr schnell ein Zustand konstanter Dichte einstellt. Eine makroskopisch ungleiche Verteilung geht mit großer Wahrscheinlichkeit in eine makroskopische Gleichverteilung über, während die Umkehrung extrem unwahrscheinlich ist.

Allgemein erklärt die statistische Mechanik einen Materiezustand wie z.B. ortsabhängige Dichte, Druck, Temperatur durch Mikrozustände. Ein beobachtbarer Makrozustand realisiert sich durch eine große Anzahl W von Mikrozuständen. Zur Definition der Zahl W wird eine große Anzahl von unabhängigen gleichartigen Mechanismen betrachtet. Dabei spielt es keine Rolle, ob es sich um Atome, Moleküle, Flüssigkeitskörper oder Kristalle handelt. Sie durchlaufen ihre Mikrozustände aufgrund von Bewegungsgleichungen mit jeweils unterschiedlichen Anfangsphasen. Wenn ein Makrozustand durch W solcher Mikrozustände verwirklicht wird, so wird die Entropie des Makrozustands durch $S = k \cdot \ln W$ mit der Boltzmannschen Konstante k bestimmt.

Damit ist die Entropie eines Systems nach Boltzmann ein Maß für die Wahrscheinlichkeit, nach der sich Moleküle so gruppieren, daß das System den beobachtbaren Makrozustand einnimmt. Boltzmann deutete die irreversible Entropiezunahme in einem isolierten System nach dem 2. Hauptsatz als wachsende molekulare Unordnung. Im thermischen Gleichgewicht ist anschaulich ein Zustand überwältigender Gleichverteilung z.B. der Moleküle eines Gases in einem isolierten Behälter erreicht.[3]

Nach Boltzmann entstehen Gleichgewichtsstrukturen durch eine Art statistischen Ausgleichs atomarer oder molekularer Wechselwirkungen der Materie. So ist die Strukturbildung eines Kristalls als Annäherung an einen Gleichgewichtszustand determiniert, voraussagbar und reproduzierbar. In isoliertem

Zustand könnte diese Struktur nach den Gesetzen der Gleichgewichtsdynamik endlos erhalten bleiben. Nach Bestätigung der Atomtheorie in diesem Jahrhundert erschien Boltzmanns Erklärung von Gleichgewichtsstrukturen sehr befriedigend.

2. Materie in der Thermodynamik des Nichtgleichgewichts

Strukturen der Materie lassen sich nicht allgemein nach dem Vorbild von Kristallbildung verstehen. Statistischer Ausgleich in isolierten und abgeschlossenen Systemen ist kein allgemeines Schema für Gleichgewichte in der Natur. Viele Systeme der belebten und unbelebten Natur können nur durch Stoff- und Energieaustausch mit ihrer Umwelt fern des thermischen Gleichgewichts existieren.[4] 1931 hatte Onsager das Verhalten von Systemen in der Nähe des thermischen Gleichgewichts untersucht. Wenn solche Systeme durch Randbedingungen am Erreichen des Gleichgewichts gehindert werden (z.B. durch Aufrechterhaltung unterschiedlicher Temperaturen an zwei Orten des Systems), dann streben sie nach Prigogine wenigstens einem stabilen Zustand minimaler Entropieerzeugung an, der dem Gleichgewicht so nahe wie möglich kommt. Die Entropieübertragung auf die Umgebung ist dabei so gering, wie es die Randbedingungen erlauben.[5]

Onsager untersuchte zwar Zustände der Materie (z.B. chemische Reaktionen) unter den Bedingungen einer Nichtgleichgewichtsthermodynamik. Gleichwohl waren die Reaktionen dieser Systeme bei gegebenen Randbedingungen wie im Fall der Gleichgewichtsthermodynamik völlig voraussagbar. Im thermischen Gleichgewicht sind die thermodynamischen Flüsse und Kräfte gleich Null. In der Nähe des thermischen Gleichgewichts sind sie schwach. Mathematisch hängen die Flußgeschwindigkeiten chemischer Reaktionen in diesem Fall linear von ihren verursachenden Kräften ab. Man spricht daher von einer linearen Thermodynamik des Nichtgleichgewichts.

Wie entstehen aber Ordnungszustände fern des thermischen Gleichgewichts, wenn bei hoher Flußgeschwindigkeit z.B.

Strudel in einem Fluß oder Turbulenzen in der Atmosphäre beobachtet werden? Ein berühmtes Beispiel sind die Bewegungsmuster, die als Bénard-Konvektionen bekannt wurden. Dazu betrachtet man eine dünne Schicht Flüssigkeit zwischen zwei horizontalen und parallelen Platten. Die Flüssigkeit strebt sich selbst überlassen in das Gleichgewicht, d.h. einen homogenen Zustand, in dem statistisch die Moleküle nicht unterscheidbar sind, wenn kein Temperaturunterschied zwischen den beiden Platten besteht. Durch Erhöhung des Kontrollparameters (d.h. Erwärmung der unteren Platte) wird ein Temperaturunterschied herbeigeführt. Bei geringen Temperaturunterschieden kehrt das System selbständig zum Gleichgewichtszustand zurück. Wird aber der Temperaturunterschied weiter erhöht, dann entstehen bei einem bestimmten Schwellenwert regelmäßige Zellen, in denen Flüssigkeitsschichten rotieren. Ursache ist eine auf- und absteigende Strömung, die durch verschiedene Dichten der Teilchen in der Nähe der unterschiedlich erwärmten Platten eingeleitet werden. Dabei findet insofern eine echte Symmetriebrechung statt, als sich die Flüssigkeit in den Konvektionszellen abwechselnd nach links oder rechts dreht und damit jeweils eine Richtung bzw. ein Ordnungsmuster auszeichnet. Man spricht von einer thermodynamischen Verzweigung bzw. Bifurkation, deren neue stabile Lösungen sich nicht prognostizieren lassen.

Treibt man chemische Reaktionen durch Erhöhung des Kontrollparameters (z.B. Konzentration eines chemischen Stoffs) immer weiter vom Gleichgewichtszustand fort, so können sich die Bifurkationen der möglichen Verzweigungen erheblich erhöhen und zu einem Bifurkationsbaum möglicher thermodynamischer Entwicklungen der chemischen Reaktionen führen. In einem solchen Bifurkationsbaum wird die Unterscheidung einer linearen und nicht-linearen Thermodynamik des Nichtgleichgewichts anschaulich. Beim Gleichgewichtspunkt der Substanz und in seiner Nachbarschaft liegt der Kontrollparameter im linearen Bereich der Reaktion auf einem thermodynamischen Zweig. Hier gilt Prigogines Satz von der minimalen Entropieerzeugung, und die Reaktion verbleibt in einem stabilen stationären Zustand. Jenseits eines kritischen Abstands wird der Zweig instabil, und das nichtlineare Regiment des Bifurkationsbaums beginnt.

Daß der thermodynamische Bifurkationsbaum auch in Chaos und Irregularität ohne lokale stabile Zustände umschlagen kann, zeigt das folgende Beispiel der Strömungsdynamik. In einem Fluß hinter einem Hindernis (z.B. Brückenpfeiler) treten in Abhängigkeit von der Strömungsgeschwindigkeit Strömungsmuster auf. Zunächst besitzt der Fluß ein homogenes Strömungsbild hinter dem Hindernis. Es strebt einem homogenen Gleichgewichtszustand zu. Bei Erhöhung der Strömungsgeschwindigkeit kommt es zur Wirbelbildung. Physikalisch treten zunächst periodische Bifurkationsbildungen auf, dann quasi-periodische Wirbelbildungen, die schließlich in ein chaotisches und fraktales Wirbelbild übergehen. Entgegen der alltäglichen Auffassung kann Chaos daher auch als hochkomplexer Ordnungszustand der Materie aufgefaßt werden.[6]

3. Selbstorganisation und Chaos der Materie

Das thermodynamische Schema, mit dem die Entstehung stationärer Ordnungszustände der Materie fern des thermischen Gleichgewichts erklärt wird, lautet allgemein so: Bestimmte äußere Parameter wie Temperatur– oder Geschwindigkeitsdifferenzen werden geändert, bis der alte Zustand instabil wird und in einen neuen Zustand übergeht. Bei kritischen Werten entstehen spontan makroskopische Ordnungsstrukturen, die sich durch Kollektivbewegungen der mikroskopischen Systemteilchen durchgesetzt haben. Im Unterschied zu den Phasenübergängen im thermischen Gleichgewicht handelt es sich also um Bewegungsmuster, die durch Energiezufuhr von außen aufrechterhalten werden. Unter diesen Bedingungen organisiert die Materie ihre Ordnungszustände selber. Selbstorganisationsmodelle der Materie fernab des thermischen Gleichgewichts haben mittlerweile im Fall des Laserlichts enorme technische Bedeutung gewonnen.[7] Der Laser ist für Hermann

Haken ein System zwischen belebter und unbelebter Materie, in dem sich das Prinzip der Synergetik realisiert, d.h. das spontane Auftreten von makroskopischen Ordnungszuständen offener Systeme, deren mikroskopische Elemente sich selbst in bestimmten Bewegungsmustern organisieren.

Auch in der anorganischen Chemie treten bei bestimmten kritischen Konzentrationen von Substanzen räumliche, zeitliche oder raum-zeitliche Muster auf. Bei der Zhabotinski-Reaktion handelt es sich um ein offenes System fern des thermischen Gleichgewichts, das bei bestimmten kritischen Konzentrationsmengen spontan bestimmte makroskopische Wellenmuster zeigt und damit die Symmetrie der zunächst homogenen Mischung bricht. Nach dem Superpositionsprinzip müßten sich die einzelnen Ringwellen ungestört durchdringen und überlagern. Tatsächlich pulsieren die einzelnen Ringwellenzentren aber in separierten Zonen und scheinen sich gegenseitig zu verdrängen. Die Einschränkung des Superpositionsprinzips bzw. die Nicht-Linearität komplexer Systemdynamik wird hier unmittelbar anschaulich.

Die Entstehung von Ordnung in der Materie ist also keineswegs unwahrscheinlich und zufällig, sondern findet unter bestimmten Nebenbedingungen gesetzmäßig statt. Man spricht von dissipativer Selbstorganisation der Materie fern des thermischen Gleichgewichts bei offenen (‚dissipativen‘) Systemen, die in Stoff- und Energieaustausch mit ihrer Umwelt stehen. Es gibt aber auch konservative Selbstorganisation der Materie bei abgeschlossenen Systemen im oder nahe dem thermischen Gleichgewicht. Ein Beispiel liefert das Spin-Modell eines Ferromagneten, den man sich als komplexes System aus vielen kleinen Elementarmagneten (Dipolen) vorstellen kann. Bei hohen Temperaturen zeigen die Elementarmagneten in beliebiger Richtung. Dabei heben sich ihre magnetischen Momente auf. In diesem Sinn liegt ein homogenes Muster vor, in dem keine Richtung ausgezeichnet ist. Makroskopisch wird daher keine Magnetisierung beobachtet. Wird aber eine kritische Temperaturgrenze unterschritten, richten sich die Elementarmagneten in eine Richtung aus. Dieser Phasenübergang entspricht also einer echten Symmetriebrechung. Dadurch entsteht makroskopisch Magnetisierung.

Dieses Beispiel konservativer Selbstorganisation spielt heute in der Festkörperphysik bei der Untersuchung neuer Materialien eine große Rolle. So findet auch bei Supraleitern ein Phasenübergang statt, bei dem kollektive Wechselwirkungen auf der Mikroebene neue makroskopische Ordnungsmuster erzeugen. In verschiedenen Metallen und Legierungen verschwindet der elektrische Widerstand vollständig, wenn eine bestimmte Temperaturgrenze unterschritten wird. Als Erklärung auf der Mikroebene wird dazu auf kollektives Verhalten der Metallelektronen verwiesen. Ein alltägliches Beispiel ist das Auskristallisieren von Schnee- und Eiskristallen durch Absinken der Temperatur. Auch hier sind mikroskopisch für die Atome und Moleküle einer Flüssigkeit noch keine Raumrichtungen ausgezeichnet. Wenn ein kritischer Temperaturwert erreicht ist, werden jedoch bestimmte Richtungen ausgezeichnet, die sich makroskopisch z.B. in schönen Schneekristallen zeigen.

Konservative und dissipative Selbstorganisation sind offenbar Schlüsselkonzepte zur Erklärung von Ordnung in der Materie. Ordnung meint dabei stationäre Gleichgewichte, in denen sich Materie unter bestimmten Bedingungen stabilisiert. Anschaulich werden diese Zustände als Attraktoren bezeichnet, in denen die Entwicklungsbahnen des materiellen Systems bei bestimmten kritischen Schwellenwerten münden. Der Bifurkationsbaum eines offenen komplexen Systems zeigt die Vielfalt dissipativer Selbstorganisation bis zur chaotischen Irregularität auf.

Mathematisch ist bemerkenswert, daß die dazu notwendigen Phasenübergänge der Materie als Symmetriebrechungen verstanden werden können.[8] Mathematisch ist ferner bemerkenswert, daß diese Phasenübergänge der Materie durch nichtlineare Gleichungen beschrieben werden. Es handelt sich also um Wechselwirkungen von separierten Körpern, die sich nicht wie Wellen überlagern und daher das Superpositionsprinzip nicht erfüllen. Es herrscht der lokale Realismus, wie er aus der Alltagswelt mit ihren separierten Gegenständen und Ereignissen vertraut ist und von Einstein als adäquate Beschreibung der klassischen Physik herausgestellt wurde. Nach heutigem Wissen (vgl. Kap. III.3) ist der lokale Realismus der Alltagswelt ein Ergebnis der Symmetriebrechungen in der kosmischen Evolution der Materie.

VI. Materie in der Chemie

Von Stoffeigenschaften zu molekularen Modellen der Materie führte der historische Weg der Chemie. In der Quantenchemie werden molekulare Modelle auf die Quantenmechanik und damit die Physik zurückgeführt. Mit zunehmender molekularer Komplexität werden auch in der Chemie Selbstorganisationsprozesse der Materie nachgewiesen. Sie dienen teilweise bereits als Vorbild zur gezielten Herstellung neuer chemischer Verbindungen mit technischer und medizinischer Anwendung.

1. Materie in der frühen Chemie

Die Chemie als Lehre von den Umwandlungen der Stoffe entstand historisch aus technisch-praktischen Handwerkertraditionen, der Naturphilosophie und Alchimie. Mit Beginn der Neuzeit setzten sich Materiemodelle der Physik durch.[1] Entgegen alchimistischen und scholastischen Vorstellungen vertrat z.B. Robert Boyle (1627–1691) in seinem Buch *The Sceptical Chymist* (1662) nachdrücklich eine mechanistische Korpuskulartheorie, wonach alle Eigenschaften der Materie auf Bewegung und Anordnung ihrer Teile zurückzuführen seien. Dazu mußten Grundbegriffe der Newtonschen Physik wie z.B. die Masse in die Chemie eingeführt werden. Zur Erklärung von Verbrennungsvorgängen wurde Anfang des 18. Jahrhunderts ein besonderer Stoff ('Phlogiston') angenommen, der bei jeder Verbrennung entweichen sollte. Bald wurden Einwände laut, daß ein Metall bei der Verwandlung in Kalk an Gewicht zunahm, während es nach der Theorie Phlogiston verlor. In diesem Fall läge ein negatives Gewicht vor. Andere Forscher wie Cavendish identifizierten Phlogiston zeitweise mit 'entflammbarer Luft', d.i. Wasserstoff. Trotz begrifflicher Unklarheiten war die Phlogistontheorie ein wichtiger Versuch einer einheitlichen Deutung chemischer Vorgänge.

Sie wurde durch die Oxidationslehre von Lavoisier (1743–1794) abgelöst, der die Gewichtszunahme bei der Verbrennung richtig durch die Vereinigung der Stoffe mit dem Sauerstoff begründete. Lavoisier stützte seine Erklärungen auf genaue Wägungen der beteiligten Substanzen und der physikalischen Annahme von der Erhaltung der Massen. Atmungsversuche mit Tieren bestätigten, daß die atmosphärische Luft aus zwei verschiedenen Gasen (Sauerstoff und Stickstoff) bestand. Lavoisiers quantitative Meßmethoden führten zu einer Reformierung der chemischen Terminologie, die bis dahin teilweise noch Redeweisen aus der alchimistischen Tradition verwandte. Lavoisier gründete die chemische Methodologie auf experimentelle Erfahrung und Analyse der Substanzen, deren natürliche Ordnung in einer systematischen Terminologie festgehalten werden sollte. Dazu schlug er eine pragmatische Definition einfacher Substanzen vor, die von der jeweils im Labor möglichen Unterteilbarkeit der Stoffe ausgeht. Die Chemie hatte mit Lavoisier ihren Newton gefunden.

Allerdings führte erst John Dalton (1766–1844) die Atomtheorie zur Deutung chemischer Vorgänge ein. 1803 äußerte er in einer Untersuchung über die Absorption von Gasen durch Wasser den Gedanken, daß bei Gasgemischen das Gewicht und die Anzahl kleinster Partikel (ultimate particles) eine Rolle spielen. Er entwarf eine mechanistische Auffassung von kugelförmigen Atomen, die Verbindungen eingehen können und deren relatives Gewicht berechenbar sei. Chemische Elemente wurden nun als Atome aufgefaßt, die im 19. Jahrhundert nach gemeinsamen Eigenschaften geordnet werden sollten. Neben den relativen Gewichten suchten Chemiker wie z.B. der Graf Avogadro nach der relativen Zahl der Atome in einem Stück Materie. William Prout war überzeugt, daß die Atomgewichte der verschiedenen Elemente einer arithmetischen Ordnung ganzer Zahlen gehorchen. John Newlands bemerkte, daß bei einer Anordnung der Elemente nach ihren Atomgewichten bestimmte Muster chemischer Eigenschaften in regelmäßigen Abständen wiederkehrten.

Wenige Jahre später entwarfen Mendelejew und Meyer (1868–71) das Periodensystem der Elemente, in dem die Eigenschaften chemischer Elemente einer charakteristischen

,Periodizität' gehorchten. Obwohl die Chemie bereits Ende des 19. Jahrhunderts erfolgreich mit dem Periodensystem arbeitete, lieferte später erst die physikalische Elektronentheorie passende Erklärungen. Zwar hatte bereits 1811 Berzelius unter dem Eindruck der Elektrolyse den Eindruck gewonnen, daß das Phänomen der chemischen Bindung auf elektrische Kräfte zurückzuführen sei. Die chemische Bindung konnte allerdings erst auf elektromagnetische Wechselwirkungen zwischen Elektronen und Atomkernen zurückgeführt werden, als die klassische Mechanik durch die Quantenmechanik ersetzt wurde.

2. Materie und Molekularchemie

Chemie wird häufig als Brücke zwischen der Materie der Mikro- und Makrowelt verstanden. Sie handelt nämlich nicht nur von Elektronen, Atomen und Molekülen, sondern auch von makroskopischen Objekten wie z.B. Kristallen und Gaswolken. Nachdem die Chemiker gelernt hatten, zwischen Molekülen und Atomen zu unterscheiden, stellte sich die Frage, wie der Aufbau der Moleküle aus Atomen räumlich vorzustellen sei. Kristallographen wie Bravais gingen zunächst noch von kleinen regelmäßigen Bausteinen aus, aus denen die Kristalle zusammengesetzt seien, ohne dabei an Atome zu denken. Ein Hinweis auf einen möglichen 3-dimensionalen Aufbau von Molekülen aus Atomen findet sich zwar schon 1847 in Gmelins *Handbuch der theoretischen Chemie*. Der entscheidende Anstoß kam jedoch durch Louis Pasteurs experimentelle Untersuchungen über die optische Aktivität der Weinsäure.

Pasteur erkannte, daß der Zusammenhang von Spiegelungssymmetrie und optischer Aktivität nicht von der Kristallstruktur eines Stoffes abhängt. Bei gewissen wasserlöslichen Kristallen kann nämlich die Spiegelungssymmetrie sowohl im festen als auch im flüssigen Zustand nachgewiesen werden. Pasteur untersuchte die Weinsäure und fand eine links- und eine rechtsdrehende Form, die L-Weinsäure und die

D-Weinsäure (D = dextro = rechts) genannt wurden. Zudem isolierte er eine dritte Form der Weinsäure (Meso-Weinsäure), die sich nicht in eine der beiden links- oder rechtsdrehenden Exemplare aufspalten läßt. Zur Erklärung der optischen Aktivität mußte also auf tieferliegende Strukturen als die Kristalle, eben die Moleküle und Lagerung der Atome, zurückgegriffen werden.

Entscheidend für die Annahme einer 3-dimensionalen Molekülstruktur wurden die Arbeiten von van't Hoff und Le Bel, die 1874 unabhängig voneinander eine Beziehung zwischen dem optischen Drehvermögen und der Lagerung der Atome im Raum herstellten. Ausgangsbeispiel war das Kohlenstoffatom, dessen vier Valenzen in Form eines Tetraeders angeordnet wurden. Eine tetraedische Anordnung mit dem Kohlenstoffatom in der Mitte ermöglicht die Existenz optischer Spiegelbilder. Van't Hoffs Stereochemie über den räumlichen Bau der Atome mußte zunächst als spekulative Idee erscheinen, die eine gewisse Nähe zu platonischen Formen der Materie verrät. Van't Hoffs Erfolge bei der experimentellen Erklärung und Prognose machten seine Geometrie und Algebra der Moleküle bald zur akzeptierten Methode des Chemikers.[2]

Eine physikalische Begründung der Stereochemie liefert erst die moderne Quantenchemie. Nach Vorarbeiten von Kossel (1916) und Lewis (1919) fällt das Geburtsjahr der Quantenchemie ins Jahr 1927, als kurz nach der Veröffentlichung von Schrödingers Wellengleichung sowohl Heitler und London als auch Born und Oppenheimer zwei grundlegende Arbeiten zur chemischen Theorie der Moleküle publizierten.[3] Allerdings können die molekularen Strukturformeln des Chemikers nicht ohne weiteres aus der Quantenmechanik abgeleitet werden. Dazu sind besondere Abstraktionen notwendig, um die klassischen anschaulichen Modelle wenigstens approximativ mit numerischen Verfahren zu erhalten. Beispiele solcher anschaulichen Modelle sind die Annahme einer 3-dimensionalen Gestalt der Moleküle, eines Kerngerüsts und individueller Elektronen auf den Molekülorbits. Mit Draht und Plastikkugeln zusammengesetzt, sind diese Modelle jedermann vertraut. Die Quantenmechanik zeigt jedoch, daß die Natur kein großer Baukasten ist, in dem sich Materie aus isolierten Bausteinen zusammensetzen läßt.[4] Der Welle-Teilchen-Dualismus, Heisenbergs Unbestimmtheitsrelation und EPR-Korrelationen nach dem Superpositionsprinzip (vgl. Kap. II. 2) stehen diesen Vereinfachungen entgegen.

Unter dieser Voraussetzung können in der Stereochemie räumliche Molekülstrukturen mit ihren Elektronenorbitalen untersucht werden. Die molekularen Struktureigenschaften liefern Erklärungen für die Eigenschaften der betreffenden Stoffe. Im Zentrum stehen komplizierte Symmetrieeigenschaften und ihre Abweichungen (Dissymmetrien, Asymmetrien, Chiralität). Bei freien Molekülen wird ihre Geometrie nicht durch die Wechselwirkung mit Nachbarmolekülen beeinflußt. Man kann sich einen solchen Zustand in der Gasphase unter geringem Druck realisiert vorstellen. Die Symmetrien von Kristallen werden auf Molekülgitter zurückgeführt.[5]

Zur Erklärung materieller Eigenschaften sind auch molekulare Symmetriebrechungen von zentralem Interesse. Insbesondere die Emergenz lebender Systeme ist mit der Entwicklung dissymmetrischer ('chiraler') Moleküle verbunden, von deren zwei links- bzw. rechtshändigen Möglichkeiten in der Regel nur eine Antipode realisiert vorkommt. So besteht der menschliche Körper aus komplizierten dissymmetrischen Molekülen. Diese Erkenntnis hat praktische Folgen für die Pharmazie, wenn es darum geht, die optimale Wirkung einer Antipode in einem Medikament herauszufinden oder es in jedem Fall vom menschlichen Körper fernzuhalten. Seit einigen Jahren liegen Ab-initio-Berechnungen der Quantenchemie vor, mit denen die beobachtete Chiralität auf eine physikalisch determinierte Selektion zurückgeführt werden könnte. Gemeint ist die Paritätsverletzung der schwachen Wechselwirkung, also die SU(2)xU(1)-Symmetriebrechung (vgl. Kap. IV.3). Die Erklärung mit der Paritätsverletzung der schwachen Wechselwirkung zeigt, daß eine subatomare gut bestätigte Symmetriebrechung sich auf den höheren Organisationsniveaus der atomaren, molekularen und makro-molekularen Systeme fortsetzt und zu meßbaren Wirkungen aufpotenziert.

In der Chemie wird dem rechts- und linkshändigen Exemplar eines chiralen Moleküls üblicherweise dieselbe Energie zugeordnet. Nach dieser Erklärung trägt die Paritätsverletzung der schwachen Wechselwirkung in einem Molekül zur elektronischen Bindungsenergie eine winzige Menge bei. Dieser Betrag ist zwar im links- und rechtshändigen Exemplar des Moleküls gleich, trägt aber wegen der Paritätsverletzung der schwachen Wechselwirkung ein unterschiedliches Vorzeichen „+" bzw. „–". Die Energie des einen Exemplars ist also ein wenig um diesen Betrag erhöht, das andere Exemplar um denselben Betrag vermindert. Die Differenz beider Energien heißt paritätsverletzende Energiedifferenz.[6]

Es wurden sogar mittlerweile präbiotische Reaktionsmechanismen vorgeschlagen, um die Entwicklung der linksdrehenden Aminosäuren oder rechtsdrehenden Zucker unter dem Einfluß der paritätsverletzenden Energiedifferenz im einzelnen zu rekonstruieren. Die individuellen Energiedifferenzen einzelner Moleküle sind sicher extrem klein. Selbst wenn diese Differenzen bei der Polymerisation proportional ansteigen, so bleiben sie unter Laborbedingungen noch sehr klein. In der Evolution war aber die Natur selber das Labor. So lassen sich z.B. für Aminosäuren exakt die präbiotischen Evolutionsbedingungen ausrechnen, unter denen die Homochiralität z.B. in einem See mit bestimmtem Wasservolumen und in einer bestimmten Zeit selektiert werden kann.

Im Unterschied zur niedermolekularen Chemie beschäftigt sich die hoch- bzw. makromolekulare Chemie mit Verbindungen, die aus sehr vielen Elementen zusammengesetzt sind und daher eine hohe Masse besitzen. Bei der chemischen Untersuchung der Materie schlägt daher die makromolekulare Chemie die Brücke sowohl zu den Materialwissenschaften als auch zu den Makromolekülen der Biochemie. Man unterscheidet die synthetischen von den natürlichen Makromolekülen wie z.B. die Proteine und Nukleinsäuren. In jedem Fall werden viele kleine Moleküle („Monomere") in einer chemischen Reaktion, die Polymerisation heißt, zu großen Molekülen („Polymere") zusammengefügt. Es war Hermann *Staudinger*, der in den 20er Jahren die Grundlagen der makromolekularen Chemie legte.[7] Im Unterschied zu früheren Annahmen, wonach große Moleküle durch besondere Kräfte zusammengehalten werden müßten, schlug Staudinger eine Theorie vor, nach der Polymere aus langen Ketten von Molekülen bestehen, die von den auch bei niederen Molekülen üblichen Kräften verbunden werden.

3. Materie und molekulare Selbstorganisation

Mit zunehmender molekularer Komplexität lassen sich Selbstorganisationsprozesse der Materie nachweisen. Für die supramolekulare Chemie und ihre technische Anwendung sind mittlerweile konservative Selbstorganisationsprozesse nahe dem thermischen Gleichgewicht von zentraler Bedeutung.[8] Beispiele in der Natur liefern Kristallisationsprozesse. Kühlt etwa eine Wolke ab, dann lagern sich viele Wassermoleküle zu kleinen Gruppen zusammen, da sich die Sauerstoff- und Wasserstoffatome benachbarter Moleküle schwach anziehen. Diese Gruppen gefrieren dann aufgrund derselben Wechselwirkung zu einem Kristall in einem geordneten Molekülgitter. Schließlich ordnen sich viele Kristalle im Aggregat einer Schneeflocke.

Es stellt sich die Frage, wie die molekularen Wechselwirkungen solcher Selbstorganisationsprozesse der Materie zur Herstellung von Materialien verwendet werden können. Da gewünschte Eigenschaften von Stoffen wie z.B. optische, elektrische, magnetische oder supraleitende Effekte von ihrer molekularen Struktur abhängen, müßten passend geformte Moleküle bereitgestellt und zwischenmolekulare Kräfte bekannt sein. Für Kristalle ist bemerkenswert, daß die Gesamtenergie aller Wechselwirkungen durch eine Anordnung der Moleküle mit geringstem Raumbedarf minimiert wird. Anschaulich fügen sich daher die Moleküle in einer möglichst dichten Packung zusammen. Für die Konstruktion von Molekülkristallen werden Bausteine ausgesucht, die sich in vorhersehbarer Weise zu komplexen Ordnungen organisieren.

Häufig verwendet die Natur Schablonen oder Matrizen zur Steuerung von komplexen Synthesen. Damit sind Moleküle gemeint, die das Zusammenfügen von molekularen Bausteinen genau lenken und ausrichten. So ist z.B. die Ribonukleinsäure, mit der genetische Informationen übermittelt werden, eine Schablone für die Proteinbiosynthese. Schablonen molekularer Selbstorganisation liegen auch bei der Herstellung großer Polyedermoleküle zugrunde, wie sie bei Polyoxometallaten auftreten. Dabei werden anorganische Grundeinheiten verwendet, die sich in wäßriger Lösung in allen Vanadium-Sauerstoffverbindungen von selber ausbilden. Geometrisch sind vor allem quadratische Pyramiden, aber auch Oktaeder möglich. Die Ecken dieser Bausteine sind von Sauerstoffatomen besetzt. Sie werden durch ein Vanadiumatom in der Mitte fixiert.

Als Schablone für den molekularen Selbstorganisationsprozeß eines komplexen Clusters aus diesen Bausteinen können der wäßrigen Lösung kleine anionische Teilchen zugefügt werden. Als Anionen werden allgemein Ionen bezeichnet, die in wäßriger Lösung unter dem Einfluß elektrischen Stroms zur Anode wandern und somit negative Ladung tragen. Die molekularen Bausteine gruppieren sich dann in einer wohldefinierten Ordnung schalenförmig um die Anionen. Die Schale paßt sich der Größe und Gestalt der Schablone an. Die molekulare Struktur des Clusters wird also durch die Wahl der Anionen bestimmt. Unter diesen Bedingungen organisieren sich quadratische Pyramiden zu einem schalenförmigen Cluster mit einem zentralen Hohlraum, in dem die Schablone sitzt.[9]

Solche Riesencluster können als molekulare Container benutzt werden, um in den Hohlräumen andere Chemikalien oder sogar Medikamente z.B. im menschlichen Organismus zu transportieren. In der supramolekularen Chemie spricht man dann von ‚Wirt-Gast-Systemen‘. Ein Protein zur Speicherung von Eisen ist z.B. Ferritin. In diesem Fall handelt es sich um einen organischen Wirt mit einem variablen anorganischen Gast, der aufgenommen und abgegeben werden kann.

Was die Polyedermoleküle der Polyoxometallate betrifft, so erinnert ihre sphärische Struktur an Fullerene, d.h. käfigartige Riesenmoleküle aus Kohlenstoffatomen in der Gestalt eines Fußballs. Das entscheidende Strukturelement sind reguläre Fünfecke, die sich mit gemeinsamen Kanten wie Maschendraht zu Strukturen höchster Symmetrie zusammenwölben (Abb.3). Das Cluster C_{60} aus sechzig Kohlenstoffatomen bildet vermutlich das rundeste Molekül, das möglich ist. Pythagoreer und Plantoniker werden in den Supermolekülen der Fullerene ihre Annahmen über den symmetrischen Aufbau der Materie bestätigt sehen.[10]

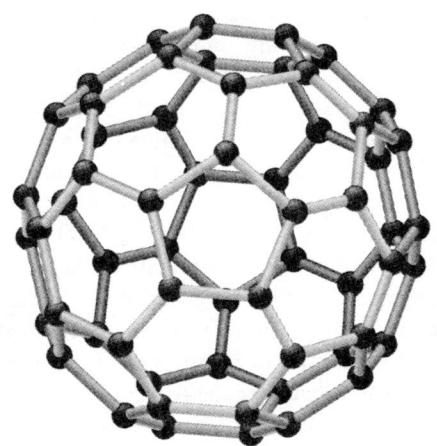

Abb. 3: Buckminsterfulleren

Der Name ,Fullerene' geht auf den amerikanischen Ingenieur und Philosophen Richard Buckminster Fuller (1895–1983) zurück, der nach diesem Bauprinzip geodätische Kuppelbauten für Ausstellungshallen und Radarkuppeln entwarf. Sie waren der architektonische Ausdruck eines von Systemtheorie, Technologie und Energetik beherrschten Weltbildes, das Buckminster Fuller in den 60er Jahren mit dem Schlagwort vom ,Raumschiff Erde' berühmt machte. Mit Einsteins Formel $E=mc^2$ für die Umwandlung von Materie zu Energie und der molekularen Architektur der Chemie sollte ein neues technologisches Zeitalter als Aufbruch der Menschheit ins Universum organisiert werden. Wie kritisch man auch heute diese technologischen Visionen sehen mag, die ‚Buckminsterfullerene' stehen in der supramolekularen Chemie nicht nur wegen ihren ästhetischen Symmetrien in hohem Kurs. Von großem technischen Interesse sind die elektronischen Eigenschaften des kristallinen C_{60}. Unter veränderten Bedingungen kann sich das Material wie ein Isolator, Leiter, Halbleiter oder Supraleiter verhalten.

Bereits Hermann Staudinger hatte in der Polymerchemie die Idee verfochten, durch kontrolliertes molekulares Wachstum große Verbindungen herzustellen. Von aktuellem Interesse für Grundlagenforschung und Anwendung sind die sogenannten Dendrimere (vom griech. dendron für Baum und Polymer), deren verästelte und fraktale Strukturen an Eiskristalle und Baumkronen erinnern. Man spricht auch von Kaskadenmolekülen, da sich die Organisationsschritte dieser Riesenmoleküle nach einem bestimmten Muster in Kettenreaktionen (‚kaskadenartig') wiederholen. Nach ausschließlich organischen Dendrimeren auf Kohlenstoffbasis werden mittlerweile auch Elemente wie Phosphor oder Silicium benutzt. 1993 wurde ein riesiger Kohlenwasserstoff aus 1398 Kohlen- und 1278 Wasserstoffatomen mit einem Molekulargewicht von 18054 synthetisiert. Bei der divergenten Synthese eines Dendrimers wird durch schrittweises Wachstum eine konzentrische Schicht nach der anderen um eine Kerneinheit gebildet, wobei sich das Molekül immer mehr verzweigt. Bei der konvergenten Synthese werden erst von außen nach innen die Dendrimer-Äste nacheinander aufgebaut und dann mit der Kerneinheit verbunden. In der Natur ist dieses fraktale Bifurkationsprinzip von Bäumen und Korallen, Bronchien oder Blutgefäßen in Organismen bekannt. Die fraktalen Makromoleküle haben die Größenordnung von Enzymen, Antikörpern, DNS, RNS und Viren. Daher werden bereits Anwendungen in der Pharmazie oder Gentherapie z.B. als

Vehikel zum Einschleusen von DNS-Sequenzen in lebende Zellen diskutiert.

Die supramolekulare Chemie erschließt also größenordnungsmäßig einen mesoskopischen Zwischenbereich der Materie zwischen dem mikroskopischen Bereich der Elementarteilchen, Atome und kleinen Molekülen und dem makroskopischen Bereich der Stoffe unserer Alltagswelt. In diesem Zwischenbereich der Materie laufen bereits Selbstorganisationsprozesse ab, die für die Entstehung des Lebens auf der Erde von größtem Interesse waren. In der natürlichen Evolution und dem Wachstum lebender Organismen werden komplexe und große Moleküle schrittweise durch gengesteuerte Prozesse erzeugt. Demgegenüber sind konservative Selbstorganisationsprozesse, wie sie oben an Beispielen der supramolekularen Chemie im Mesobereich der Materie diskutiert wurden, nicht durch Gene gesteuert. In der Evolution, so läßt sich vermuten, werden die molekularen Selbstorganisationsprozesse also bereits eine wichtige Rolle gespielt haben, als es noch keine Gene gab. Vielmehr wird eine Kombination von konservativer und dissipativer Selbstorganisation der Materie erst die Makromoleküle geliefert haben, aus denen sich gengesteuerte Lebensprozesse bilden konnten.

Im Unterschied zu konservativen Selbstorganisationen nahe dem thermischen Gleichgewicht beziehen sich dissipative Selbstorganisationsprozesse der Chemie auf offene Systeme bzw. Reaktionen, die im ständigen Stoff- und Energieaustausch mit ihrer Umwelt stehen (Kap. V. 2–3). Mit dieser Art von Metabolismus weisen sie bereits Eigenschaften auf, die auch lebende Organismen besitzen. Auch dort dient der Stoff- und Energieaustausch der Aufrechterhaltung einer Ordnung fern des thermischen Gleichgewichts. Lebende Organismen können aber zusätzlich z.B. auf gengesteuerte Prozesse zurückgreifen, die durch konservative und dissipative Selbstorganisationprozesse der Materie, wie sie die Chemie beschreibt, erst ermöglicht wurden.

VII. Materie und Leben

Die chemischen Elemente, aus denen das Leben auf der Erde entstand, haben sich in der kosmischen Evolution entwickelt. Verschiedene molekulare Modelle zeigen den Weg von der ‚unbelebten‘ zur ‚belebten‘ Materie in der präbiotischen Evolution. Gen-gesteuerte Wachstumsprozesse werden biochemisch erklärt und bereits in Bio- und Gentechnologie angewendet. Die dabei herausgestellten Kriterien für Leben sind zwar naturwissenschaftlich präzisierbar und relativieren die traditionelle Grenze zwischen ‚belebter‘ und ‚unbelebter‘ Materie. Es bleiben allerdings auch Fragen offen, die vom gegenwärtigen Forschungsstand aus nicht beantwortet werden können.

1. Materie in der erdgeschichtlichen Evolution

Bis heute dauern die Metamorphosen der Erdkruste mit Kontinentalverschiebung, Gebirgsbildung und Vulkanismus an. Als Voraussetzung von Leben war neben den vorhandenen chemischen Elementen, Mineralien und organischen Stoffen die Entstehung einer Uratmosphäre von entscheidender Bedeutung. Die heutige Geochemie führt mehr als 80% der Atmosphäre auf Gase zurück, die bereits vor mindestens 4,4 Milliarden Jahren bei Entstehung von Erdkern und Erdmantel aus dem Erdinneren austraten. In dieser Uratmosphäre dominierte Kohlendioxyd. Vorhanden waren auch Methan, Ammoniak, Schwefeldioxyd und Salzsäure, aber kein molekularer Sauerstoff. Die Geochemie geht also von einer Uratmosphäre auf der Erde aus, die bis auf den vorhandenen Wasserdampf den Uratmosphären von Venus und Mars ähneln.

Was dann allerdings mit der Atmosphäre passierte und die näheren Umstände der biologischen Evolution bestimmte, ist bis heute umstritten. Da die präzisen Gasanteile der Uratmosphäre (vor allem Kohlendioxyd) nicht exakt bekannt sind, gibt es einen Spielraum von Erklärungsmöglichkeiten. Die unterschiedlichen Hypothesen legen unterschiedliche Regelmechanismen für das entstehende Klima zugrunde. In der ersten Hypothese von James C. G. Walker, James F. Kasting und Paul B. Hays (1981) werden anorganisch-geochemische Rückkopplungsmechanismen angeführt. In diesem anorganischen Modell entstand aufgrund des vielen Kohlendioxyds in der Atmosphäre ein Treibhauseffekt, der zur Wasserverdunstung und Entstehung des Wasserkreislaufs führte. Aufgrund der Niederschläge gelangte Kohlendioxyd auf den Boden, konnte dort als Kohlensäure mit dem Gestein chemisch reagieren und schließlich als wasserfähiges Calciumcarbonat abgelagert werden. Dieser Vorgang verringerte den Kohlendioxydgehalt in der Atmosphäre. Es entstand also ein negativer Feedback, der den Treibhauseffekt abnehmen ließ. Nach dem anorganischen Modell wurde der negative Feedback durch die Zunahme der Sonneneinstrahlung wieder ausgeglichen.[1]

Demgegenüber führte James E. Lovelock die Kohlendioxydreduktion auf biologische Prozesse zurück. Mikroorganismen entziehen Luft und Wasser Kohlendioxyd, das in ihrem Kalkskelett gebunden und später als Calciumcarbonat abgelagert wird. Berühmt wurde Lovelocks sogenannte Gaia-Hypothese, wonach die Atmosphäre als Lebensbedingung vom Leben selber reguliert und im Gleichgewicht gehalten wird.[2] Anhänger der Gaia-Hypothese haben auch auf die Wirkung von Bakterien hingewiesen, die Verwitterung durch Zersetzung von organischem Material beschleunigen und damit den Kohlendioxydhaushalt der Atmosphäre verringern. Die anorganisch-geochemischen und biologischen Hypothesen gehen also beide von Rückkopplungsprozessen aus. Umstritten ist die Rolle des Lebens bei der Entstehung der Biosphäre. Für die Anhänger der Gaia-Hypothese waren archaische Lebensformen immer schon beteiligt, während das anorganisch-geochemische Modell dem Leben nur eine geringe Rolle bei der Entstehung und späteren Stabilisierung des Klimas zubilligt.

Unbestritten ist die Rolle von frühen Lebensformen bei der Bildung von Sauerstoff. Durch die Wirkung von Sonnenlicht entsteht bei der Photosynthese aus Kohlendioxyd und Wasser organische Materie. Der dabei freigesetzte Sauerstoff wird schließlich in die Atmosphäre geführt. Ein hinreichender Sauerstoffgehalt der Atmosphäre war für die Evolution von Lebensformen auf dem Festland entscheidend. Zudem filterte Sauerstoff die ultraviolette Strahlung des Sonnenlichts, die für Biomoleküle wie DNS gefährlich sind. Erst nachdem hinreichend Sauerstoff in der Atmosphäre vorhanden war, um Ozon als Schutz gegen Ultraviolettstrahlung zu bilden, war Leben außerhalb des Wassers möglich. Diese komplizierten materiellen Rückkopplungsprozesse auf der Erde sind heute von großer Aktualität. Mittlerweile gefährdet der Mensch mit den Materialflüssen seiner eigenen Vermehrung und seines Wirtschaftens ihre fragilen Gleichgewichte.

2. Molekulare Bausteine des Lebens

Heute gelten Biochemie und Molekularbiologie als Erklärungsgrundlagen der Lebensvorgänge von einfachen Organismen wie Algen, Viren und Bakterien bis zu den höheren Pflanzen- und Tierformen. Bereits in der ,unbelebten' Materie der Atome und Moleküle lassen sich konservative und dissipative Selbstorganisationsprozesse nachweisen, die vom Aufbau der Kristalle und molekularer Riesencluster über Wolken- und Strömungsmuster bis zu pulsierenden chemischen Uhren reichen. Auf mikroskopischer Ebene finden dazu bereits Selektionsvorgänge statt, bei denen sich bestimmte atomare oder molekulare Reaktionsmuster durchsetzen und dem gesamten materiellen System ihre Ordnungsmuster aufprägen. Von biologischem Leben wird heute aber erst dann gesprochen, wenn die Selbstorganisation der Materie sowohl auf molekularen Metabolismus als auch molekulare Selbstreplikation zurückgreift. Im Zentrum des Interesses beim Übergang von der ,unbelebten' zur ,belebten' Materie steht daher heute die Frage nach dem Ursprung und der Funktion eines gengesteuerten Vererbungsmechanismus in der präbiotischen Evolution.[3]

Als gemeinsame chemische Bausteine aller lebenden Organismen stellt die Biochemie organische Kohlenstoffverbindungen heraus. Proteine werden auf Aminosäuren zurückgeführt.

Das trifft insbesondere für Enzyme zu, die katalytisch beim Stoffwechsel, den Lebensfunktionen und der Fortpflanzung mitwirken. Die Aminosäuresequenzen der Proteine sind weitgehend nach demselben Bauprinzip („genetischer Code') geordnet. Es handelt sich um Kombinationsmöglichkeiten von sogenannten Nukleotiden, die chemische Bausteine der Nukleinsäuren (RNS oder DNS) sind. Ein Nukleotid besteht aus einem Zuckermolekül, einer Phosphatgruppe und einer von vier stickstoffhaltigen Basen. Im Fall von DNS (Desoxyribonukleinsäure) handelt es sich um Adin (A), Guanin (G), Cytosin (C) oder Thymin (T). Bei RNS (Ribonukleinsäure) ist Thymin durch Uracil (U) ausgetauscht.

In der Sprache der Informationstheorie werden diese Basen als ‚Alphabet', A, G, C, T oder U, ihre chemischen Kombinationsmöglichkeiten als ‚genetischer Code' oder ‚genetische Information' bezeichnet. Bei dieser Redeweise muß man sich allerdings darüber klar sein, daß es sich um den Informationsbegriff der mathematischen Informationstheorie handelt, der für Informationsverarbeitungsprozesse weder ein „höheres Bewußtsein" noch menschliche Technik und Kultur voraussetzt. Es handelt sich also um eine zutreffende mathematische Modellierung und nicht um das philosophische Scheinproblem, wie der ‚Geist' als ‚Information' in die ‚Materie' gefahren sei.

Obwohl die Erbinformationen in der biologischen Evolution weitgehend durch die stabilere DNS übermittelt werden, gibt es Gründe zu der Annahme, daß in der präbiotischen Evolution das genetische Vererbungssystem bei RNS-Molekülen entstanden ist.[4] Die Ribonukleotide lassen sich nämlich leichter synthetisieren als Desoxyribonukleotide. Unter dieser Voraussetzung müßte sich die Forschung auf die Frage konzentrieren, wie RNS und ihr Selbstreplikationsmechanismus in der präbiotischen Evolution entstanden sind. Bereits Darwin und später vor allem Boltzmann hatten darüber spekuliert, wie die chemische ‚Ursuppe' beschaffen sein müßte, aus der bei geeigneten Nebenbedingungen von Licht, Wärme und Elektrizität einfache Lebensformen entstehen konnten. In den

20er Jahren diskutierten der Biochemiker Alexander I. Oparin und der Physiker John S. Haldano die Frage, wie die Uratmosphäre zusammengesetzt sein müßte, damit die organischen Verbindungen des Lebens entstehen konnten.

Im Jahr 1953, als Watson und Crick die Molekularstruktur von DNS fanden, führten Harold C. Urey und Stanely L. Miller ein erstes Experiment zur Simulation der Uratmosphäre und chemischen ‚Ursuppe des Lebens‘ durch. Als Ozean diente brodelndes Wasser in einem Kolben, als Atmosphäre ein von Blitzen durchzucktes Gasgemisch aus Methan, Ammoniak, Wasserstoff und Wasserdampf, aus dem Wasser aufstieg. Durch die Entladungen entstanden aus den Gasen wasserlösliche Verbindungen, die zusammen mit dem Dampf in einem Kühler kondensierten. Wie im Wasserkreislauf der Natur wurden sie in den Ozean zurückgeleitet, in dem sich nach einiger Zeit Aminosäuren ablagerten, wie sie aus Proteinen bekannt waren. Dieser und ähnliche Simulationsansätze hängen natürlich davon ab, ob die Uratmosphäre tatsächlich die vorausgesetzte Zusammensetzung an Gasen hatte, was heute (vgl. Kap. VII.1) keineswegs unumstritten ist. Zudem ist damit die Entstehung der Selbstreplikation noch nicht geklärt.

Eindeutig geklärt ist bisher nur, wie nach dem Watson-Crick-Modell der DNS die Synthese eines komplementären Stranges der Erbinformation (anschaulich als Kopiervorgang beschrieben) funktioniert. Der komplementäre Charakter der Basen ermöglicht den Aufbau eines neuen Strangs, wobei ein bereits vorhandener Strang als Matrize verwendet wird. Die einzelnen Nukleotide lagern sich entlang dem bereits vorhandenen Strang an (also A nur neben T, G nur neben C etc.) und verbinden sich mit ihm. In dem neu gebildeten Strang ergibt sich so eine spezielle Ordnung der Basen: T steht an der Stelle von A im Originalstrang etc. Der neue Strang enthält die gleiche Information wie der ursprüngliche Strang nur in komplementärer Form. Komplementär meint dabei anschaulich das Verhältnis von Gipsabdruck und Original. Im nächsten Schritt der Replikation dient der neu gebildete Strang als Matrize und erzeugt eine Basensequenz, die dem Original entspricht.

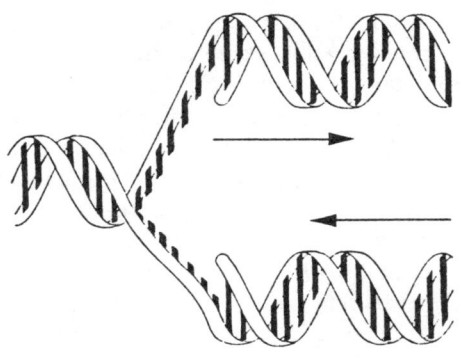

Abb. 4: Die Replikation der DNS

Gene als Träger der Erbinformation besitzen also die Fähigkeit zur identischen Reproduktion und unveränderter Weitergabe von Informationen von Generation zu Generation. Wie bei einem technischen Kopiervorgang unterlaufen aber auch der DNS Fehler bei der Replikation. Es werden ab und zu falsche Basen eingebaut. Durch chemische Reparaturmechanismen ist die DNS meistens in der Lage, diese Fehler zu registrieren und durch Einsetzen der richtigen Information in den neu synthetisierten Polynukleotidstrang zu reparieren. Wird ein solcher Fehler nicht korrigiert, spricht man von einer Mutation. In Körperzellen können Mutationen weitreichende Folgen für den gesamten Organismus haben. So kann die Zelle zu unkontrollierter Teilung und damit Wachstum eines Tumors veranlaßt werden. Erinnert sei an heute bekannte äußere Faktoren wie ionisierte Strahlung, Chemikalien oder Viren, die solche gefährlichen Mutationen auslösen können. Andererseits hätte ohne zufällige Mutationen die Evolution der Organismen niemals stattgefunden. Über Generationen und große Zeiträume wurden mutative Zufallsänderungen der Erbinformation selektiert oder optimiert und ermöglichten die Vielfalt der Arten auf der Erde. Selbstreplikation, Mutation und Selektion sind entscheidende Faktoren der biologischen Selbstorganisation der Materie.

Für die präbiotische Evolution werden heute verschiedene Modelle materieller Selbstorganisation diskutiert.[5] Im ‚Evolutionsreaktor' von Manfred Eigen befinden sich die Makromoleküle wie z.B. Nukleinsäuren, die permanent auf- und abgebaut werden. Von außen werden dem Reaktor laufend energiereiche Moleküle zugeführt, um den Aufbau der Nukleinsäuren zu erreichen. Dazu werden autokatalytische Prozesse der Selbstvermehrung angenommen, die Manfred Eigen und Peter Schuster in ihren Modellen der Hyperzyklen beschrieben haben. Mathematisch werden diese Vorgänge als sukzessive Selbstoptimierung eines Molekülsystems beschrieben, die über eine Folge von Selektionszwischenschritten erreicht wird. In Eigens Modell wird für die Selbstreplikation ein informationsverarbeitender Mechanismus vorausgesetzt, der einerseits ungewöhnlich einfach ist, andererseits mit hoher Effizienz und geringer Irrtumsrate arbeitet. Es bleibt zu klären, wie eine solche nahezu perfekte Molekularmaschinerie der Selbstreplikation in der präbiotischen Evolution entstehen konnte.

Es lassen sich also notwendige Merkmale des Lebens wie z.B. Stoffwechsel (Metabolismus), Selbstreproduktion, Selektion und Mutation präzisieren.[6] Wie schwierig aber die begriffliche Abgrenzung des Lebens ist, zeigen z.B. die Viren. Sie sind Organismen insofern, als sie aus komplizierten organischen Molekülen wie Nukleinsäuren und Proteinen bestehen und genetische Informationen zur Selbstreproduktion besitzen. Andererseits sind sie zu einfach gebaut, um selbständig leben und sich vermehren zu können. Nur im Kontext einer lebenden Zelle kann sich ein Virusteilchen vermehren lassen.

Für die Evolution höherer Lebensformen ist die Zelldifferenzierung grundlegend. Bereits Anfang der 50er Jahre hatte der englische Logiker und Mathematiker Alan M. Turing ein Modell zur Erklärung der Zelldifferenzierung lebender Organismen vorgeschlagen.[7] Er ging von zwei separierten Zellen 1 und 2 aus, die in ihren Funktionen und chemischen Prozessen ununterscheidbar sind. Wenn daher in einer Zelle eine Molekülsorte erzeugt bzw. abgebaut wird, so wird sie schließlich in beiden Zellen mit gleicher Konzentration vorliegen. Es liegt also eine symmetrische Gleichgewichtssituation vor. Werden nun beide Zellen für einen Stoffwechselaustausch gekoppelt, kann der Gleichgewichtszustand beider Zellen instabil werden. Eine geringe Anfangsschwankung bei der Produktion der Molekülsorte führt schließlich zu einer ungleichmäßigen Verteilung und damit einer Symmetriebrechung, die sich makroskopisch in unterschiedlichen Funktionen der Zelle zeigen kann. Daran schließen heutige mathematische Modelle der Darwinschen Evolution mit komplexen Systemen an.[8]

Unabhängig von den Ursprungsfragen des Lebens erlaubt die biochemische Analyse der genetischen Erbinformation Rückschlüsse auf die Verwandtschaft und historische Evolution der Organismen. Neben den traditionellen Methoden der Paläontologie und vergleichenden Morphologie, wie sie nach Darwin verwendet wurden, liegen nun präzisere Prüfverfahren der Evolutionstheorie auf molekularer Grundlage vor. Für verwandte Gene lassen sich aus den Vorgängern jeweils ‚Urgene‘ berechnen und Stammbäume der genetischen Evolution aufstellen. Es stellt sich die Frage, ob dieses Wissen auch auf die Zukunft der Evolution angewendet werden kann und soll, um künstliche ‚Evolution‘ wie z.B. im Rahmen der Gentechnologie einzuleiten.

3. Materie und die Emergenz von Bewußtsein

Die heutigen Unterscheidungen von ‚Materie‘, ‚Bewußtsein‘, ‚Geist‘ u.ä. orientieren sich häufig an den Forschungsstandards der Künstlichen Intelligenz (KI), Neuro- und Kognitionswissenschaften.[9] Das Forschungsprogramm der KI steht in der Tradition von Leibnizens Forderung nach einer Mechanisierung des Denkens, dessen logisch-mathematische Grundlagen in der Kalkültheorie von Frege, Russell, Hilbert und Gödel gelegt wurden. Turing und von Neumann präzisierten Algorithmen als programmgesteuerte Computer. Von diesem Standpunkt aus war es naheliegend, das Gehirn der Computerhardware und das Denken der Computersoftware entsprechen zu lassen. Mentale Zustände sollten also durch symbolische Datenstrukturen, mentale Prozesse durch Algorithmen repräsentiert werden. Allerdings erweist sich das Konzept eines programmgesteuerten Computers nur begrenzt tauglich. Umfangreiche Rechenprozesse bewältigt der Computer zwar spielend, während die Bewältigung von komplexen Wahrnehmungs- und Bewegungskoordinationen, die ein Gehirn „im Schlaf" löst, an unüberwindbaren Programmierproblemen scheitert.

Im Rahmen der Neurobiologie läßt sich das Gehirn als ein komplexes System von vielen Milliarden Nervenzellen (Neuronen) auffassen, die sich in Phasenübergängen vernetzen und neue Muster durch Selbstorganisation erzeugen.[10] Diese makroskopischen Verschaltungsmuster können äußeren Wahrnehmungen, emotionalen Erregungszuständen oder Gedanken entsprechen. Es ist ein altes erkenntnistheoretisches Problem, wie sich ein Abbild der Außenwelt im Gehirn bildet. Erkenntnistheoretiker wie Helmholtz ahnten bereits aufgrund ihres physiologischen Wissens, daß der Erkenntnisvorgang keine starre und isomorphe Abbildung der Außenwelt sein kann. Vielmehr handelt es sich um einen Lernvorgang, in dem schrittweise und unter ständigen Korrekturen ein Bild der Außenwelt entsteht. Einen richtungsweisenden Erklärungsansatz vom Standpunkt neuronaler Netze schlägt der Gehirnforscher Kohonen vor. Danach wird die Außenweltsituation, wie sie z.B. von der Retina des Auges registriert wird, auf eine neuronale Schicht übertragen, in der schrittweise während eines Lernvorgangs eine Art topographischer Karte der Außenwelt aufgebaut wird. Der Lernvorgang wird als Selbstorganisationsprozeß des neuronalen Netzwerks verstanden.

Während sensorische und motorische Karten zur Repräsentation von Wahrnehmungen und Bewegungen und ihrer sensomotorischen Koordination bereits gehirnphysiologisch untersucht und mathematisch modelliert wurden, stecken Untersuchungen über die neuronalen Erregungsmuster von Emotionen und Gedanken noch in den Anfängen. Es käme darauf an, die Dynamik dieser zerebralen Verschaltungsmuster empirisch zu untersuchen, ihre Attraktoren zu identifizieren und mathematisch zu modellieren. Die Theorie komplexer dynamischer Systeme, die fachübergreifend in Physik, Chemie und Biologie angewendet wurde, gibt jedenfalls bereits heuristische Hinweise für Forschungshypothesen.

Ein altes erkenntnistheoretisches Problem ist die Erklärung von Bewußtsein. Ist es bloß eine „Widerspiegelung" materieller Zustände, wie Materialisten des 19. Jahrhunderts behaupteten? Ist es eine eigene „Substanz" unabhängig von der „Materie" in cartesischer Tradition? Heute liegen Erklärungsvorschläge von Gehirnforschern und kognitiven Psychologen vor, die sich in der Theorie komplexer dynamischer Systeme modellieren lassen. Wir erinnern zunächst noch einmal daran, daß ein wahrgenommener Sachverhalt der Außenwelt durch ein typisches neuronales Verschaltungsmuster repräsentiert werden kann. Denkt man über diese wahrgenommenen Sachverhalte nach, spricht man traditionell von Reflexion, d.h. in einem neuen Gedanken wird auf einen vorherigen Gedanken Bezug genommen. Man kann sich nun vorstellen, daß der Output des zerebralen Verschaltungsmusters, das den früheren Gedanken repräsentiert, als Input im nachgeschalteten neuronalen Muster des späteren Gedankens wirkt und dort Selbstorganisationsprozesse auslöst.

Damit entsteht eine Metarepräsentation, die beliebig iteriert werden kann: Ich denke darüber nach, wie ich über das Nachdenken über das Nachdenken ... nachdenke. Iterierte Metarepräsentationen von neuronalen Verschaltungsmustern sollen den Zustand von Bewußtseins- bzw. Selbstbewußtseinsbildung modellieren. Der Grad des Bewußtseins hängt von der Geschwindigkeit ab, mit der iterierte Metarepräsentationen gebildet werden können.

Damit löste sich auch das Rätsel auf, auf das bereits Leibniz aufmerksam machte (*Monadologie* § 17): Wir finden im Gehirn lokal keine ‚Substanz' mit dem Namen ‚Bewußtsein', die alle Denkprozesse wie ein Zentralprozessor steuert. Dieser Name steht vielmehr für bestimmte globale Makrozustände neuronaler Netze, deren Dynamik vom heutigen Forschungsstandpunkt aus möglicherweise mathematisch modellierbar und empirisch analysierbar ist. Kognitive Zustände, die mit Aktivitätsmustern makroskopischer Neuronennetze korreliert sind, lassen sich nicht auf die elektrochemischen Vorgänge einzelner Neuronen reduzieren. Ob allerdings deshalb ein Makrozustand des Gehirns wie Bewußtsein, ein Gefühl oder Gedanke als ‚immateriell' bezeichnet werden sollte, ist eine Frage der Definition. Für den Mediziner, Psychiater und Psychologen jedenfalls ist z.B. ‚Bewußtsein' ein beobachtbarer und meßbarer Zustand. Davon zu unterscheiden ist allerdings der theologische Begriff der ‚Seele', über den naturwissenschaftliche Forschung (wie bereits Kant wußte) nicht zu entscheiden vermag. Auch die personale Würde eines Menschen ist als rechtlich-ethische Kategorie nicht aus Naturgesetzen ableitbar. Allerdings können neue Einsichten in neurologische Prozesse des Gehirns die Spielräume von Verantwortung und Zurechnungsfähigkeit neu bestimmen.

In der Forschung hängt der Materiebegriff von den Beobachtungs- und Meßverfahren, Berechnungs- und Simulationsmethoden, Modellen und Theorien ab, die in den einzelnen Forschungsdisziplinen angewendet werden. Die bis heute bekannte Komplexität der Materie von den Elementarteilchen, Atomen und Molekülen bis zu physiologischen Stoffwechselvorgängen in lebenden Organismen und kognitiven Zuständen ihrer Gehirne spiegelt daher auch die Vielfalt moderner Forschung und ihrer Vernetzung wider, die selber in ständiger Entwicklung und Veränderung ist. Selbst wenn man den Begriff der Materie auf Masse und Energie im Sinn der modernen Physik einschränkt, dann bleiben (in diesem Sinn) materielle Prozesse nach heutigem Forschungsstand von den Anfängen des Universums bis zu Bewußtseinszuständen menschlicher Gehirne entscheidend beteiligt.

Gelegentlich wurde vorgeschlagen, im Sinn des traditionellen naturphilosophischen Begriffspaares von Stoff und Form zwischen ‚Materie' und ‚Struktur' zu unterscheiden. Neben ‚Masse' und ‚Energie' könnten dann andere grundlegende Begriffe der modernen Naturwissenschaft wie z.B. ‚Information',

‚Raum', ‚Zeit' oder ‚Symmetrie' auf mathematische Struktureigenschaften zurückgeführt werden. Bei näherer Analyse hängen diese Begriffe aber mehr oder weniger voneinander ab. Man erinnere sich an die relativistische Abhängigkeit der Raum-Zeit von Masse und Gravitation. Die mathematischen Symmetrien von Elementarteilchen oder Molekülen sind zwar unabhängig vom jeweiligen stofflichen Träger definiert. Um aber physikalisch oder chemisch wirksam werden zu können, bedarf es eines jeweiligen materiellen Trägers. Die mathematische Struktur einer Information oder eines Computerprogramms ist zwar unabhängig von einem stofflichen Träger definiert. Um aber als Information oder Programm wirken zu können, bedarf es eines materiellen Trägers – sei es in den Genen einer Zelle, auf biochemischer Grundlage von Gehirnen oder mit den elektronischen Materialien herkömmlicher Computer.

Auch die aktuelle Diskussion um ‚Künstliches Leben' verweist nur auf die Möglichkeit, daß es andere Träger von Lebensfunktionen als Nukleinsäuren, Proteine und Lipide geben könnte. Nach Aristoteles beziehen sich begriffliche Unterscheidungen wie ‚Stoff' und ‚Form' auf verschiedene Funktionen und Prinzipien der Natur, die aber voneinander abhängen und keine separierte Existenz besitzen. Offenbar ist der Altmeister der Naturphilosophie auch für die moderne Grundlagendiskussion des Materiebegriffs hilfreich.

VIII. Ausblick:
Materie in Technik, Umwelt und Gesellschaft

Vom jeweiligen Wissen über die Materie hingen die technischen, ökonomischen und ökologischen Lebensbedingungen der Menschen entscheidend ab.[1] Bereits Platon mahnte in seinem Dialog *Kritias* den sorgsamen und maßvollen Umgang mit Boden, Wasser und Holz an, um Umweltkatastrophen zu vermeiden. Bis zu Beginn der Industrialisierung deckten Menschen ihre Bedürfnisse an Nahrung, Kleidung und Heizung durch Wirtschaften mit natürlichen regenerativen Energien. Noch zu Beginn der Neuzeit, im Zeitalter des mechanistischen Weltbildes von Descartes und Huygens, sah der französische Wirtschaftstheoretiker François Quesnay die Quelle des Nationalreichtums in Boden und Ackerbau.

Quesnay prägte erstmals den Begriff des Wirtschaftskreislaufs, den er als Arzt in Analogie zum Blutkreislauf deutete. Die energetische und stoffliche Versorgung dieses Kreislaufs sollte durch die Landwirtschaft als produktiver Kraft des Wirtschaftssystems realisiert werden. Die Bauern hatten also die regenerativen Energien für das Gesamtsystem nutzbar zu machen.

Gegenüber der reglementierten und determinierten Warenverteilung der Physiokraten setzte Adam Smith auf den freien Markt, der sich selber durch Angebot und Nachfrage ins Gleichgewicht bringen sollte. Neben dem Produktionsfaktor Boden stellte Smith den Produktionsfaktor Arbeit heraus, der von der arbeitsteiligen Handarbeit in den Manufakturen des 18. Jahrhunderts zur Industriearbeit des 19. Jahrhunderts führte. Nun wurde Kapital zum dritten Produktionsfaktor, unter dem man vor allem die Verfügungsmacht über Konsum- und Produktionsgüter verstand. Dazu mußte aber zunächst Energie in Arbeitskraft umgewandelt werden. Im Kapital kristallisierte sich also nicht nur menschliche Arbeitskraft, wie Ricardo und Marx meinten, sondern auch Energie, die der Natur abgezogen wurde.

Seit Beginn der Industrialisierung verstärkten Maschinen (z.B. Dampfmaschine) die menschliche Arbeitskraft, die in zunehmendem Maß z.B. Kohle verbrauchte. Bereits Ende des 19. Jahrhunderts wurde daher die Frage aufgeworfen, was passieren würde, wenn die industriellen Gesellschaften weiterhin durch die Verbrennung fossiler Brennstoffe wie Kohle, Erdgas und Torf zusätzliches Kohlendioxyd in die Atmosphäre emittieren. Der schwedische Chemiker Arrhenius errechnete bei einer Verdopplung des atmosphärischen Kohlendioxydgehalts einen Anstieg der durchschnittlichen Globaltemperatur um ca. 5,5°C. Insgesamt prognostizierte Arrhenius im Grundsatz richtig, daß die steigende Menge von Kohlendioxyd in der Atmosphäre das lebensnotwendige Treibhaus in eine Hitzefalle verwandeln könnte.

Eine Auswertung von Luftproben, die in der Eisdecke Grönlands und der Antarktis eingeschlossen waren, bestätigt, daß sich seit der industriellen Revolution der Kohlendioxydgehalt der Luft um rund 25% erhöht hat – eine Folge der zunehmenden Geschwindigkeit im Brennstoffverbrauch und bei der Waldrodung. Erst in den letzten 15 Jahren wurde die Bedeutung der Luftverschmutzung für das Klima voll erkannt. Atmosphärenforscher wiesen nach, daß die das Ozon zerstörenden Fluorchlorkohlenwasserstoffe (FCKW) mit dem Kohlendioxyd die Eigenschaft gemeinsam haben, Strahlungswärme zu absorbieren und damit eine weltweite Erwärmung in Gang zu setzen. Darüberhinaus konnte ermittelt werden, daß verschiedene Treibgase ihre Wirkung in der Atmosphäre gefährlich kumulieren.[2]

Seit den 70er Jahren wird unter dem Eindruck zunehmender Umweltbelastung die Frage diskutiert, ob der menschliche Umgang mit Stoffen und Materialien naturwüchsig sich selber überlassen oder durch Grenzen oder qualitatives Wachstum ersetzt werden sollte. Es stellt sich die Frage, wie die Umweltbelastung, die Industrieproduktion, der Energieverbrauch, die Nahrungsmittelmenge, das Bevölkerungswachstum, die Kapitalbildung etc. ins Gleichgewicht gebracht werden könnten. Die Kritik richtet sich gegen das quantitative Wachstum der

Ökonomie seit den 50er Jahren. Die dabei zugrundegelegte Produktionsfunktion des Sozialprodukts hängt nur von der Arbeit, dem Kapital und dem technischen Fortschritt, nicht aber vom Material der Natur, aus dem produziert wird, und nicht von der Energie der Natur, mit der produziert wird, ab. Die Wirtschaft ist nach dieser Formel nur vom Menschen abhängig und in keiner Weise von der Natur.

Gegenüber diesem Wachstumsfetischismus geht qualitatives Wachstum von der Einsicht aus, daß der Mensch dank seiner Kreativität die Grenzen, die ihm die Natur setzt, zwar erweitern, aber nicht sprengen kann. Bei der Produktionsfunktion qualitativen Wachstums stellt sich die Aufgabe, in der Wirtschaft ein geeignetes Gleichgewicht für das Verhältnis von Natur und technischem Fortschritt zu finden. Entscheidend mit Blick auf Luft und Klima wäre es, Wachstum an Lebensqualität und z.B. Wachstum an Energieverbrauch zu entkoppeln, d.h. umweltschädigende durch energie- und rohstoffsparende sowie emissionsarme Produkte zu ersetzen, umweltfreundliche Technologie zu entwickeln und in diesem Sinn effektiver als bisher zu produzieren. An die Stelle von einseitigen Produktionsabläufen ohne Rücksicht auf die Produktionsressourcen und Produktionsabfälle müßten Produktionsabläufe treten, in denen Abfallstoffe des einen Produktionsprozesses weitgehend als Ausgangsstoffe für weitere Produktionsprozesse verwendet werden. Ein solches industrielles Ökosystem würde seine Materialien ebensowenig erschöpfen wie ein biologisches: Dort liefern pflanzliche Syntheseproduktionen die Nahrung für die Pflanzenfresser, die wiederum den Ausgangspunkt einer Nahrungskette von Fleischfressern bilden, deren Ausscheidungen schließlich weitere Pflanzengenerationen ernähren. Hier taucht möglicherweise dieselbe Stahlmenge nach gewisser Zeit als Blechdose auf, dann als Automobil, schließlich als Stahlträger eines Hauses.

Die Herstellungsverfahren verwandeln nur die Form und Zusammensetzung der zirkulierenden Materialbestände. Solche Recyclingverfahren verbrauchen zwar immer noch Energie, erzeugen Abfälle und schädliche Nebenprodukte, allerdings auf niedrigerem Niveau als bisher. Technisch müßte dazu der Produktionsprozeß mit der Zeit umgestellt werden, damit die erzeugten Abfälle entweder direkt oder über Aufbereitungsanlagen weitgehend wiederzugeführt werden. Das gilt z.B. für die Automobil- und die Kunststoffindustrie ebenso wie z.B. für die Verpackungsindustrie der Lebensmittelbranche. Obwohl es bereits einzelne Recyclingverfahren gibt (z.B. Eisenindustrie) und einige im Aufbau begriffen sind (z.B. PVC-verarbeitende chemische Industrie), ist die gegenwärtige Technik den Anforderungen eines sich selbst regulierenden komplexen Recyclingnetzes weitgehend nicht gewachsen. Gefordert sind also nicht weniger, sondern mehr Wissen und technische Innovation, die auf das Ziel eines sich selbst regulierenden industriellen Ökosystems ausgerichtet sind.[3]

Kreativität, Energie und Rohstoffe heißen daher die Produktionsfaktoren Ende dieses Jahrhunderts. Bereits Anfang des Jahrhunderts hatte Wilhelm Ostwald unter dem Eindruck begrenzter fossiler Energie den energetischen Imperativ aufgestellt: Vergeude keine Energie, sondern nutze sie! Hinzu tritt der ökonomische Imperativ: Vergeude kein Kapital! Schließlich hängt die für die Kapitalerwirtschaftung aufzubringende Arbeit heute noch weitgehend von den begrenzten Ressourcen fossiler Energie ab. Der ökologische Imperativ fordert verantwortungsvollen Umgang mit den Materialien auch mit Blick auf künftige Generationen. Welche Energierohstoffe wie Sonnen-, Wind-, Wasserenergie, fossile und nukleare Energie zum Einsatz kommen, ist nämlich nicht a priori vorgegeben, sondern eine Frage menschlicher Intelligenz, Wertmaßstäbe und menschlichen Verantwortungsbewußtseins. Man spricht deshalb auch bereits vom Rohstoff ‚Geist‘. Geist meint aber nicht nur technische Intelligenz als Produktionsfaktor, sondern (mit Blick auf die Materie) Verantwortungsbewußtsein für das Gesamtsystem der Materialflüsse menschlicher Gesellschaft. Damit ist eine Perspektive angesprochen, die über den Begriff der Materie deutlich hinausführt.

Anmerkungen

(Kurztitel beziehen sich auf das Literaturverzeichnis)

I. Materie im antiken und mittelalterlichen Weltbild

1 Diels-Kranz 13 A5
2 Diels-Kranz 22 B30
3 Stückelberger (1979): *Antike Atomphysik*; Buchheim (1994): *Die Vorsokratiker*
4 Platon, *Timaios* 53d; E. M. Bruins, *La chemie du Timée*,in: Revue de Métaphysique et de Morale LVI 1951, 269–282
5 Aristoteles, *Physik* III 201 a 10,; Met. K9.1065 b15–16; Met. K9.1065 b 21ff.
6 Wieland (1970): *Die aristotelische Physik*, S. 110ff.
7 M. Berthelot, *Collection des anciens alchemistes grecs*, Paris 1888; Garbers/Weyer (1980): *Quellengeschichtliches Lesebuch zur Chemie und Alchemie der Araber im Mittelalter*
8 Maier (1949): *Die Vorläufer Galileis im 14. Jahrhundert*
9 *De natura materiae*, Kap. I., Art. 6, in: J. M. Wyss, *Textus philosophici Friburgenses* No. 3., Louvain/Fribourg 1953
10 Jammer (1964): *Der Begriff der Masse in der Physik*, 47ff.
11 J. F. O'Brien, *Some Medieval Anticipations of Inertia*, in: New Scholasticism 44 (1970), 345–371
12 Wolff (1978): *Geschichte der Impetustheorie*

II. Materie im Weltbild der klassischen Physik

1 Dijksterhuis (1950): *Die Mechanisierung des Weltbildes*
2 Dugas (1954): *La mécanique au XVIIᵉ siècle*
3 Cohen (1980): *The Newtonian Revolution*
4 Goldstein (1980): *Classical Mechanics*; P. Lorenzen, *Zur Definition der vier fundamentalen Meßgrößen*, in: Philosophia Naturalis 16 (1976), 1–9
5 Mach (1976): *Die Mechanik in ihrer Entwicklung*
6 Hesse (1962): *Forces and Fields*
7 C. A. Coulomb, *Vier Abhandlungen über die Elektrizität und den Magnetismus (1785–1786)*. Ostwalds Klassiker der Naturwissenschaften Nr. 13, Leipzig 1890
8 M. Faraday, *Experimental Researches in Electricity*, vol. I (1839), New York 1965
9 Jackson (1975): *Classical Electrodynamics*
10 A. Hermann, *Schelling und die Naturwissenschaft*, in: Technikgeschichte 44 (1977), S. 47–53

11 F. Engels, *Dialektik der Natur*, in: Marx/Engels, Werke XX Berlin (Ost) 1956–1968

12 E. Mach, *Die Analyse der Empfindungen und das Verhältnis des Physischen zum Psychischen*, Jena ^{9}1922

III. Materie in der Relativitätstheorie

1 A. Einstein, *Zur Elektrodynamik bewegter Körper*, in: Ann. Phys. 17 (1905), S. 891–921

2 Audretsch/Mainzer (1994): *Raum-Zeit*

3 Weyl (1961): *Raum, Zeit, Materie*, S. 223; J. Ehlers, *The Nature and Structure of Spacetime*, in: Mehra (1973): *The Physicist's Conception of Nature*, S. 82 ff.

4 Audretsch/Mainzer (1990): *Vom Anfang der Welt*

5 R. Penrose, *Gravitational Collapse and Space-Time Singularities*, in: Phys. Rev. Lett. 14 (1965), 57–59; S. W. Hawking/R. Penrose, *The Singularities of Gravitational Collapse and Cosmology*, in: Proc. Roy. Soc. (London) A314 (1970), 529–548

6 S. Weinberg, *Gravitation and Cosmology: Principles and Applications of the General Theory of Relativity*, New York 1972, S. 459 ff.

IV. Materie in der Quantenphysik

1 A. Hermann, *Frühgeschichte der Quantentheorie*, Mosbach 1969; U. Hoyer, *Die Geschichte der Bohrschen Atomtheorie*, Weingarten 1974

2 J. von Neumann, *Mathematische Grundlagen der Quantenmechanik*, Berlin 1932

3 Audretsch/Mainzer (1996): *Wieviele Leben hat Schrödingers Katze?*

4 A. Einstein/B. Podolsky/N. Rosen, *Can Quantum-Mechanical Description of Physical Reality be Considered Complete?* in: Phys. Rev. 47 (1935), S. 777–780

5 M. Jammer, *The Conceptual Development of Quantum Mechanics*, New York 1966; B. L. van der Waerden, *Sources of Quantum Mechanics*, Amsterdam 1967

6 J. S. Bell, *On the Problem of Hidden Variables in Quantum Mechanics*, in: Rev. Mod. Phys. 38 (1966), S. 447–452

7 D. Bohm, *Quantum Theory*, New York 1951

8 C. F. von Weizsäcker, *Das Verhältnis der Quantenmechanik zur Philosophie Kants*, in: ders., *Zum Weltbild der Physik*, Stuttgart 1963, S. 80–117

9 J. S. Bell, *Against ‚Measurement'*, in: Physics World 3 (1990), S. 33

10 G. Wentzel, *Quantum Theory of Fields (until 1947)*; J. Schwinger, *A Report on Quantum Electrodynamics*, in: Mehra (1973), *The Physicist's Conception of Nature*, S. 380–403, S. 413–429

11 C. Itzkson/J.-B. Zuber, *Quantum Field Theory*, New York 1980; E. M. Henley/W. Thirring, *Elementare Quantenfeldtheorie*, Mannheim 1975

12 Mainzer (1988), *Symmetrien der Natur*, S. 448 ff.; J. Bernstein, *Spontaneous Symmetry Breaking, Gauge Theories, the Higgs Mechanism and all that*, in: Revise Reports of Modern Physics 46 (1974), S. 7–48

13 A. Linde, *Particle Physics and Inflationary Cosmology*, in: Physics Today Sept. (1987), S. 61–68; Audretsch/Mainzer (1990): *Vom Anfang der Welt*

14 Heisenberg (1959): *Wandlungen*, S. 163; Weizsäcker (1985): *Aufbau der Physik*; Mainzer (1995): *Zeit*, S. 68 f.

V. Materie in der Thermodynamik

1 T. S. Kuhn, *Energy Conservation as an Example of Simultaneous Discovery*, in: M. Clagett (Hrsg.), *Critical Problems in the History of Science*, Madison Wisc. 1959, S. 321–356

2 I. Schneider, *Rudolf Clausius' Beitrag zur Einführung wahrscheinlichkeitstheoretischer Methoden in der Physik der Gase nach 1856*, in: Archive for History of Exact Science 14 (1974/75), S. 237–261

3 L. Boltzmann, *Weitere Studien über das Wärmegleichgewicht unter Gasmolekülen* (1872), in: ders., *Wissenschaftliche Abhandlungen*, ed. F. Hasenöhrl, Bd. 1, Leipzig 1909, S. 316–402

4 Mainzer (1995): *Zeit*

5 I. Prigogine, *Introduction to Non-Equilibrium Statistical Physics*, München 1966; ders., *Non-Equilibrium Statistical Mechanics*, New York 1962

6 Mainzer/Schirmacher (1994): *Quanten, Chaos und Dämonen*

7 H. Haken, *Laser Theory*, in: Ecyclopedia of Physics XXV/2c, Berlin/Heidelberg/New York 1970; ders., *Erfolgsgeheimnisse der Natur*, Stuttgart 1981

8 Mainzer (1994): *Thinking in Complexity*

VI. Materie in der Chemie

1 J. R. Partington, *A Short History of Chemistry*, London 1965; E. Ströker, *Denkwege der Chemie*, Freiburg/München 1967

2 J. H. van't Hoff, *Die Lagerung der Atome im Raume*, Braunschweig 1876

3 W. Heitler/F. London, *Wechselwirkungen neutraler Atome und homöopolarer Bindung nach der Quantenmechanik*, in: Z. Phys. 44 (1927), S. 455

4 H. Primas, *Kann Chemie auf Physik reduziert werden?* Erster Teil. Das Molekulare Programm, in: Chemie in unserer Zeit 19 Nr. 4 (1985), S. 109–119

5 Mainzer (1988): Symmetrien der Natur, S. 520 ff.; M. Quack, *Detailed Symmetry Selection Rules for Chemical Reactions*, in: J. Maruani/ J. Serre (Hrsg.), *Symmetries and Properties of Non-Rigid-Molecules*. Studies in Physical and Theoretical Chemistry, vol. 23, Amsterdam 1983, S. 355–378

6 G. E. Tranter, *Paritätsverletzung: Ursache der biomolekularen Chiralität*, in: Chem. Techn. Lab. 34 Nr. 9 (1986), S. 866 f.

7 C. Priesner, *H. Staudinger, H. Mark, K. H. Meyer – Thesen zur Größe und Struktur der Makromoleküle*, Weinheim 1980

8 F. Vögtle, *Supramolekulare Chemie*, Stuttgart 1992; G. R. Desiraju, *Crystal Engineering: The Design of Organic Solids*, Amsterdam 1988

9 A. Müller, *Supramolecular Inorganic Species*, in: Journal of Molecular Structure 325 (1994), S. 13–35; A. Müller/K. Mainzer, *From Molecular Systems to More Complex Ones*, in: A. Müller/A. Dress/F. Vögtle (Hrsg.), *From Simplicity to Complexity in Chemistry – and Beyond*, Wiesbaden 1995, S. 1–11

10 R. E. Smalley, *Great Balls of Carbon: The Story of Buckminsterfullerene*, in: The Sciences 31 Heft 2 (1991), S. 22–28

VII. Materie und Leben

1 J. F. Kasting, *Earth's Early Atmosphere*, in: Science 259 (1993), S. 920–926

2 S. H. Schneider/P. J. Boston (Hrsg.), *Scientists on Gaia*, Cambridge, Mass. 1991

3 Fischer/Mainzer (1990): *Die Frage nach dem Leben*

4 S. L. Miller/L. E. Orgel, *The Origins of Life on the Earth*, Englewood Cliffs, N.J.: Prentice-Hall 1974; R. F. Gesteland/J. A. Atkins (Hrsg.), *The RNA-World*, Cold Spring Harbor: Laboratory Press 1993

5 C. de Duve, *Ursprung des Lebens. Präbiotische Evolution des Lebens*, Heidelberg 1994; M. Eigen/P. Schuster, *The Hypercycle*, Heidelberg 1979; F. Dyson, *Origins of Life*, Cambridge 1985

6 M. Jenken, *The Biological and Philosophical Definitions of Life*, in: Acta biotheor. 24 (1975), S. 14–21

7 A. M. Turing, *The Chemical Basis of Morphogenesis*, in: Phil. Trans. R. Soc. (London), B 237 (1952), S. 37

8 Mainzer (1994): *Thinking in Complexity*, Kap. 3.3

9 K. Mainzer, *Computer – Neue Flügel des Geistes?* Berlin/New York 1995

10 E. Pöppel/A.-L. Edingshaus, *Geheimnisvoller Kosmos Gehirn*, München 1994

VIII. Ausblick: Materie in Technik, Umwelt und Gesellschaft

1 K. Mainzer (Hrsg.), *Ökonomie und Ökologie*, Bern/Stuttgart/Wien 1993
2 P. J. Crutzen/M. Müller (Hrsg.), *Das Ende des blauen Planeten? Der Klimakollaps – Gefahren und Auswege*, München 1989
3 J. H. Ausubel/H. E. Sladovich (Hrsg.), *Technology and Environment*, Washington, D. C. 1989; W. C. Clark, *Verantwortliches Gestalten des Lebensraums Erde*, in: Spektrum der Wissenschaft. Menschheit und Erde, Heidelberg 1990, S. 4–22

Literaturverzeichnis

Ambacher, M., *La matière dans les sciences et en philosophie*, Paris 1972

Ambarzumjan, V. A. u.a. (Hrsg.), *Struktura i formy materii*, Moskau 1967 (dt. *Struktur und Formen der Materie. Dialektischer Materialismus und moderne Naturwissenschaft*, Berlin [Ost] 1969)

Audretsch, J./Mainzer, K. (Hrsg.), *Philosophie und Physik der Raum-Zeit*, Mannheim/Wien/Zürich 1988, [2]1994

Audretsch, J./Mainzer, K. (Hrsg.), *Vom Anfang der Welt. Wissenschaft, Philosophie, Religion, Mythos*, München 1989, [2]1990

Audretsch, J./Mainzer, K. (Hrsg.), *Wieviele Leben hat Schrödingers Katze? Zur Physik und Philosophie der Quantenmechanik*, Mannheim/Wien/Zürich 1990, Heidelberg [2]1996

Baeumker, C., *Das Problem der Materie in der griechischen Philosophie. Eine historisch-kritische Untersuchung*, Münster 1890 (repr. Frankfurt 1963)

Bailey, C., *The Greek Atomists and Epicurus*, Oxford 1928

Bloch, E., *Das Materialismusproblem, seine Geschichte und Substanz*, Frankfurt 1972

Braun, H., *Materialismus – Idealismus*, in: Brunner, O./Conze, W./Koselleck, R. (Hrsg.), *Geschichtliche Grundbegriffe. Historisches Lexikon zur politisch-sozialen Sprache in Deutschland III*, Stuttgart 1982, 977–1020

Buchheim, T., *Die Vorsokratiker. Ein philosophisches Portrait*, München 1994

Büchner, L., *Kraft und Stoff. Empirisch-naturphilosophische Studien in allgemein-verständlicher Darstellung*, Frankfurt 1855, Leipzig [21]1904

Cencillo, L., *Hyle, origen, concepto y funciones de la materia en el Corpus Aristotelicum*, Madrid 1958

Detel, W./Schramm, M./Breidert, W./Borsche, T./Piepmeier, R./Hucklenbroich, P., *Materie*, in: *Historisches Wörterbuch der Philosophie* (Hrsg. Ritter, J./Gründer, K.) V (1981), 870–924

de Vries, J., *Materie und Geist*, München 1970

Diels, H., *Die Fragmente der Vorsokratiker*, 6. Aufl. neu bearbeitet von W. Kranz, 3 Bde.,Berlin [10]1960/1961

Dijksterhuis, E. J., *De Mechanisering van het Wereldbeeld*, Amsterdam 1950 (dt. *Die Mechanisierung des Weltbildes*, Berlin/Göttingen/Heidelberg 1956)

Dugas, R., *Histoire de la mécanique*, Neuchâtel, Paris 1950 (engl. *A History of Mechanics*, Neuchâtel, New York 1955)

Duhem, P., *L'évolution de la mécanique*, Paris 1903 (dt. *Die Wandlungen der Mechanik und der mechanischen Naturerklärung*, Leipzig 1912)

Duquesne, M., *Matière et antimatière*, Paris 1958 (dt. Materie und Antimaterie, Stuttgart 1974)

Elliot, H. S. R., *Modern Science and Materialism*, London/New York 1919

Erdey-Grúz, T., *Grundlagen der Struktur der Materie*, Budapest 1967

Falkenburg, B., *Die Form der Materie*, Frankfurt am Main 1987

Fehling, D., *Materie und Weltraum in der Zeit der frühen Vorsokratiker*, Innsbruck 1994

Fischer, E. P./Mainzer, K. (Hrsg.), *Die Frage nach dem Leben*, München u.a. 1990

Fischl, J., *Materialismus und Positivismus der Gegenwart. Ein Beitrag zur Aussprache über die Weltanschauung des modernen Menschen*, Graz 1953

Fuchs, G., *Materie, Dialektik, Naturwissenschaft*, Frankfurt am Main 1981

Garbers, K./Weyer, J. (Hrsg.), *Quellengeschichtliches Lesebuch zur Chemie und Alchemie der Araber im Mittelalter*, Hamburg 1980

Gerlach, W., *Materie, Elektrizität, Energie. Die Entwicklung der Atomistik in den letzten zehn Jahren*, Dresden/Leipzig 1923, mit dem Untertitel: Grundlagen und Ergebnisse der experimentellen Atomforschung, ^{2}1926

Goldstein, H., *Klassische Mechanik*, Wiesbaden ^{4}1976

Gregory, F., *Scientific Materialism in Nineteenth Century Germany*, Dordrecht/Boston 1977

Göpel, W., *Struktur der Materie*, Stuttgart 1994

Grün, K.-J., *Das Erwachen der Materie*, Hildesheim u.a. 1993

Haken, H./Wunderlin, A., *Die Selbststrukturierung der Materie: Synergetik in der unbelebten Welt*, Braunschweig 1991

Happ, H., *Hyle. Studien zum aristotelischen Materiebegriff*, Berlin 1971

Heisenberg, W., *Wandlungen in den Grundlagen der Naturwissenschaft. Zehn Vorträge*, Stuttgart ^{9}1959

Hengstenberg, H.-E., *Mensch und Materie. Zur Problematik Teilhard de Chardins*, Stuttgart u.a. 1965

Hesse, M. B., *Forces and Fields. The Concept of Action at a Distance in the History of Physics*, New York 1962

Hörz, H., *Materiestruktur. Dialektischer Materialismus und Elementarteilchenphysik*, Berlin 1971

Hund, F., *Theorie des Aufbaus der Materie*, Stuttgart 1961

Hund, F., *Materie als Feld. Eine Einführung*, Berlin 1954

Jackson, J. D., *Classical Electrodynamics*, New York etc. ^{2}1975

Jammer, M. *Concepts of Mass in Classical and Modern Physics*, Cambridge 1961 (dt. [erw.] *Der Begriff der Masse in der Physik*, Darmstadt 1964, ^{3}1981)

Kanitscheider, B. (Hrsg.), *Materie, Leben, Geist*, Berlin 1979

Kappler, E., *Die Wandlung des Materiebegriffs in der Geschichte der Physik*, Jahresschr. Ges. zur Förderung der Westf. Wilhelms-Universität, Münster 1967, 61–92

Kim Kuck-Tae, *Der dynamische Begriff der Materie bei Leibniz und Kant*, Konstanz 1989

Koch, H. J., *Materie und Organismus bei Leibniz*, Hildesheim 1980

Lange, F. A., *Geschichte des Materialismus und Kritik seiner Bedeutung in der Gegenwart*, Iserlohn 1866, I–II, ²1873/1875, ed. Cohen, H., ⁴1882, (zweite Bearb. Cohen, H.) Leipzig ⁸1908, (dritte Bearb. Cohen, H.) ⁹1914/1915, I–II, ed. Schmidt, A., Frankfurt 1974

Lapp, R. E., *Matter*, New York 1963, 1969 (dt. *Die Materie*, Frankfurt 1965)

Laue, von, M., *Materiewellen und ihre Interferenzen*, Ann Arbor Mich. 1948, Leipzig ²1948

Lieben, F., *Vorstellungen vom Aufbau der Materie im Wandel der Zeiten. Eine historische Übersicht*, Wien 1953

Lorenzen, P., *Lehrbuch der konstruktiven Wissenschaftstheorie*, Mannheim/ Wien/Zürich 1987

Luce, A. A., *Berkeley's Immaterialism. A Commentary on His „A Treatise Concerning the Principles of Human Knowledge"*, London/New York 1945, ²1950

Mach, E., *Die Mechanik in ihrer Entwicklung. Historisch-kritisch dargestellt*, Darmstadt 1976

Maier, A., *Die Vorläufer Galileis im 14. Jahrhundert. Studien zur Naturphilosophie der Spätscholastik*, Rom 1949

Mainzer, K., *Symmetrien der Natur. Ein Handbuch zur Natur- und Wissenschaftsphilosophie*, Berlin/New York 1988 (engl. New York 1996)

Mainzer, K., *Thinking in Complexity. The Complex Dynamics of Matter, Mind, and Mankind*, Berlin/Heidelberg/New York 1994, ²1996 (japan. Tokyo 1996)

Mainzer, K., *Zeit. Von der Urzeit zur Computerzeit*, München 1995

Mainzer, K./Schirmacher, W. (Hrsg.), *Quanten, Chaos und Dämonen. Erkenntnistheoretische Aspekte der modernen Physik*, Mannheim/ Leipzig/Wien/ Zürich 1994

Markl, H., *Dasein in Grenzen, Die Herausforderung der Ressourcenknappheit für die Evolution des Lebens,* Konstanz 1984

McMullin, E. (Hrsg.), *The Concept of Matter in Greek and Medieval Philosophy*, Notre Dame Ind. 1965

McMullin, E., *Newton on Matter and Activity*, Notre Dame Ind. 1978

Mehra, J. (Hrsg.), *The Physicist's Conception of Nature*, Dordrecht/Boston 1973

Mittelstraß, J. (Hrsg.), *Enzyklopädie Philosophie und Wissenschaftstheorie*, 4 Bde., Mannheim 1980 ff.

Mittelstraß, J., *Neuzeit und Aufklärung. Studien zur Entstehung der neuzeitlichen Wissenschaft und Philosophie*, Berlin/New York 1970

Nizan, P. (Hrsg.), *Les materialistes de l'antiquité. Démocrite, Epicure, Lucrèce [...]*, Paris 1936, 1975

Noltenius, F., Materie, Psyche, Geist, Leipzig 1934

Reagan, J. T., *The Material Substrate in the Platonic Dialogues*, St. Louis 1960

Rollnik, H., *Ideen und Experimente für eine einheitliche Theorie der Materie*. Rheinisch-Westfälische Akademie der Wissenschaften, Vortrag N 286, Opladen 1979

Russell, B., *The Analysis of Matter*, London, New York 1927, ²1954 (dt. *Philosophie der Materie*, Leipzig/Berlin 1929)

Rybarczyk, M. L., *Die materialistischen Entwicklungstheorien im 19. und 20. Jahrhundert. Darstellung und Kritik*, Königstein 1979

Sambursky, S., *Physics of the Stoics*, London, New York 1959

Schöndorfer, U. A., *Philosophie der Materie*, Graz 1954

Schrödinger, E., *Mind and Matter*, Cambridge 1958 (dt. *Geist und Materie*, Braunschweig 1959, ³1965)

Schulz, D. J., *Das Problem der Materie in Platons ‚Timaios'*, Bonn 1966

Sinnige, T. G., *Matter and Infinity in the Presocratic Schools and Plato*, Assen 1968

Solomon, J., *The Structure of Matter. The Growth of Man's Ideas on the Nature of Matter*, New York 1973, ²1974

Stiehler, G. (Hrsg.), *Beiträge zur Geschichte des vormarxistischen Materialismus*, Berlin (Ost) 1961

Stiehler, G. (Hrsg.), *Materialisten der Leibniz-Zeit. Ausgewählte Texte*, Berlin (Ost) 1966

Stückelberger, A., *Antike Atomphysik. Text zur antiken Atomlehre und zu ihrer Wiederaufnahme in der Neuzeit*, München 1979

Szabó, I., *Geschichte der mechanischen Prinzipien und ihrer wichtigsten Anwendungen*, Basel/Stuttgart 1977, ²1979

Svilar, M., *Seele und Leib, Geist und Materie*, Bern 1979

Svilar, M., *Selbstorganisation der Materie?*, Bern 1984

Tisini, T., *Die Materieauffassung in der islamisch-arabischen Philosophie des Mittelalters*, Berlin 1972

Toulmin, S./Goodfield, J., *The Architecture of Matter*, London, New York 1962, 1966 (repr. Chicago/London 1977) (dt. *Materie und Leben*, München 1970)

Truesdell, C. A., *Essays in the History of Mechanics*, Berlin/Heidelberg/New York 1968

Wagner, C., *Materie im Mittelalter*, Freiburg 1986

Weizsäcker, C. F. v., *Aufbau der Physik*, München/Wien 1985

Wendt, V. K., *Urpotenz und Stufen zur Materie*, Lübeck 1971

Wenzl, A., *Der Begriff der Materie und das Problem des Materialismus*, München 1958

Weyl, H., *Raum, Zeit, Materie. Vorlesungen über allgemeine Relativitätstheorie*, Berlin 1918, Berlin/Heidelberg/New York ⁶1970

Whitehead, A. N., *Process and Reality. An Essay in Cosmology*, Cambridge, New York 1929, London, New York 1979 (dt. *Prozeß und Realität. Entwurf einer Kosmologie*, Frankfurt 1979)

Wieland, W., *Die aristotelische Physik. Untersuchungen über die Grundlegung der Naturwissenschaft und die sprachlichen Bedingungen der Prinzipienforschung bei Aristoteles*, Göttingen 1962, [2]1970

Wilczeck, G., *Geist und Materie*, Pfaffenhofen 1985

Wolff, M., *Geschichte des Impetus. Untersuchungen zum Ursprung der Klassischen Mechanik*, Frankfurt 1978

Personenregister

Sachregister

Reihe „Denker" in der Beck'schen Reihe
Herausgegeben von Otfried Höffe

Verlag C. H. Beck München

Philosophie und Geistesgeschichte

Otto A. Böhmer
Sternstunden der Philosophie
Schlüsselerlebnisse großer Denker von Augustinus bis Popper
3., unveränderte Auflage. 1995. 215 Seiten. Paperback
(Beck'sche Reihe Band 1030)

Otto A. Böhmer
Neue Sternstunden der Philosophie
Schlüsselerlebnisse großer Denker von Platon bis Adorno
1995. 194 Seiten. Paperback
(Beck'sche Reihe Band 1130)

Rafael Ferber
Philosophische Grundbegriffe
3., durchgesehene Auflage. 1995. 284 Seiten. Paperback
(Beck'sche Reihe Band 1054)

Karen Gloy
Das Verständnis der Natur
Band 1: Die Geschichte des wissenschaftlichen Denkens
1995. 354 Seiten. Leinen
Band 2: Die Geschichte des ganzheitlichen Denkens
1995. 274 Seiten. Leinen

Wolfgang Röd
Der Weg der Philosophie
Von den Anfängen bis zum 20. Jahrhundert
Band 1: Altertum, Mittelalter, Renaissance
1994. 525 Seiten. Leinen
Band 2: 17. bis 20. Jahrhundert
1996. Etwa 640 Seiten. Leinen

Stephan Wehowsky
Gespräche über Ethik
1995. 197 Seiten. Paperback
(Beck'sche Reihe Band 1111)

Verlag C. H. Beck München